안쌤의 수·과학 융합 특강 초등

시대에듀

안쌤의
수·과학
융합 특강
초등

안쌤
영재교육연구소

안쌤 영재교육연구소 학습 자료실
샘플 강의와 정오표 등 여러 가지 학습 자료를 확인하세요~!

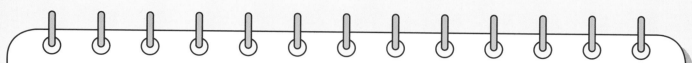

머리말

우리 일상생활 속에서는 수학·과학이 서로 융합되어 아주 많이 적용되고 있습니다. 생활 속의 다양한 문제를 해결하기 위해서는 여러 교과의 지식을 활용하는 융합사고력과 문제해결력이 필요합니다. 그러나 학교에서는 수학·과학 과목을 각각 다른 교과서로 배우고 있기 때문에 실생활 문제를 많이 다루기는 어렵습니다.

교과서에서 다루기 힘든 생활 속 흥미로운 주제를 선정하여 수학적으로 해결해 보고, 과학적으로 탐구해 보며, 융합적으로 사고해 보는 과정을 통해 비판적 사고력을 기를 수 있는 문제를 접할 기회를 제공하고자 콘텐츠를 기획하게 되었습니다.

기획한 콘텐츠를 유튜브 라이브 수업으로 진행해 보니 자신의 경험을 이야기하는 학생, 이렇게 생각할 수 있다는 것을 흥미로워하는 학생, 저는 이렇게 생각한다고 자신의 생각을 논리적으로 이야기하는 학생, 창의적인 아이디어를 제시하는 학생, 엉뚱한 상상력으로 질문하는 학생 등 다양한 학생들을 만날 수 있었습니다. 이 학생들의 공통적인 반응은 수업시간을 더 길게 해 달라는 것이었습니다.

『안쌤의 수·과학 융합 특강』을 통해 많은 학생들이 즐겁게 사고하면서 융합사고력과 문제해결력을 키워, 살아가면서 접하게 될 생활 속 문제를 여러 각도로 사고하고, 탐구하여 창의적으로 문제를 해결할 수 있었으면 좋겠습니다.

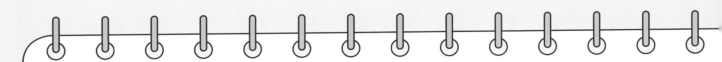

융합 교육이란?

융합 교육(STEAM)은 과학(S), 기술(T), 공학(E), 인문·예술(A), 수학(M)으로, 과학기술에 대한 흥미를 높이기 위해 시작된 교육입니다. 또한, 과학기술에 대한 원리를 이해하고, 수학·과학 교과의 성취기준을 달성해 융합 인재를 양성하는 것을 목표로 하고 있습니다.

그럼 왜 융합 인재를 양성하려고 할까요?

불확실하고 융합적인 21세기에는 새로운 문제에 직면했을 때 여러 분야를 넘나들며 새롭고 가치 있는 방식으로 문제를 해결할 수 있는 인재가 경쟁력의 핵심 역할을 할 것이기 때문입니다. 그래서 우리나라는 미래에 핵심적인 역할을 할 융합 인재를 융합 교육으로 양성하려고 합니다. 몇 해 전 발생한 코로나19와 같은 전 세계적인 문제에 직면했을 때 문제를 해결할 수 있는 인재가 있다면 21세기 경쟁력의 핵심 역할을 할 수 있을 것입니다.

또한, 사회의 변화에 맞춰 우리 자녀가 융합 인재로 성장해 나가는 것이 중요합니다. 과거의 농경 사회에서 암기·강의 위주의 교육이 확대되면서 산업 사회로 변화했습니다. 표준화되고 객관화된 지식 전달 능력을 중시한 교육이 진행되면서 지식·정보 사회로 변화했습니다. 이제는 유연하고 창의적인 사고력, 서로 다른 지식을 융합할 수 있는 능력이 중시되면서 창조 경제 사회로 변화하고 있습니다.

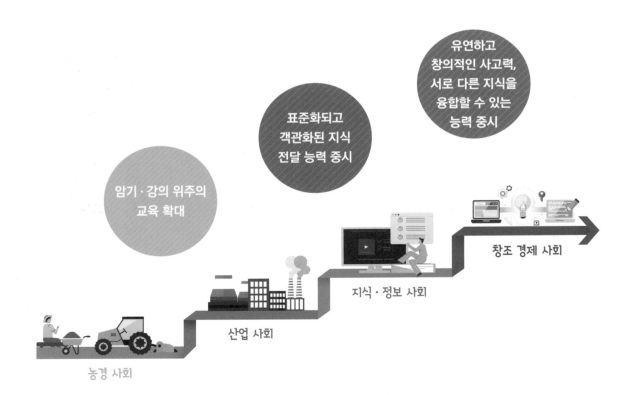

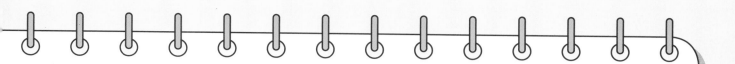

사회가 변화하면서 일자리도 변화하고 있습니다. 로봇과 인공지능의 발달로 많은 직업이 사라지고, 새로운 직업이 생겨날 것입니다. 사라질 가능성이 높은 직업은 예측 가능하고 반복적이며 창의성이 요구되지 않는 것으로, 텔레마케터, 시계 수선공, 스포츠 심판, 회계사, 택시 기사 등이 예상됩니다. 반면에 사라질 가능성이 낮은 직업은 사람과 사람 사이에 감정이 오가거나 의사소통이 필요하고, 창의성이 요구되는 전문적인 것으로, 레크리에이션 치료사, 사회 복지사, 초등 교사, CEO 등이 예상됩니다.

우리 자녀가 미래에
사라지지 않는 직업 또는 새롭게 등장할 직업을
선택하려면 어떤 교육이 필요할까요?

지식을 많이 습득하는 것보다 새로운 가치를 생성하는 융합 교육이 필요합니다.

학교에서도 융합 교육을 위해 다양한 프로그램과 콘텐츠를 개발하여 적용하고 있습니다. 융합 교육을 잘 진행하기 위해 학교에서는 '무엇을 알고 있는가?'로 평가하던 지필평가에서 '실제로 무엇을 할 수 있는가?'를 평가하는 과정 중심평가로 변화하고 있습니다.

융합 교육은 과학기술에 대한 학생의 흥미와 이해를 높이는 데 그치지 않고, 과학기술 기반의 융합사고력과 실생활 문제해결력을 배양하는 교육으로 진화하고 있습니다. 미래 사회를 살아갈 학생들에게 필요한 것은 지식의 암기가 아닌 지식 활용 능력이기 때문입니다.

많은 학생들이 수학·과학 중심의 융합 교육으로 융합사고력과 문제해결력을 키울 수 있길 바랍니다. 이를 통해 미래에 핵심적인 역할을 할 융합 인재가 될 것이라 믿습니다.

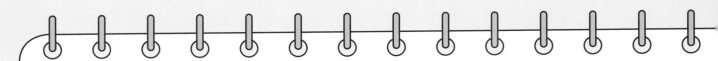

영재교육원에 대해서 궁금해 하는 Q&A

영재교육원 대비로 가장 많이 문의하는 궁금증 리스트와 안쌤의 속~ 시원한 답변 시리즈

No.1 안쌤이 생각하는 대학부설 영재교육원과 교육청 영재교육원의 차이점

Q 어느 영재교육원이 더 좋나요?

A 대학부설 영재교육원이 대부분 더 좋다고 할 수 있습니다. 대학부설 영재교육원은 대학 교수님 주관으로 진행하고, 교육청 영재교육원은 영재 담당 선생님이 진행합니다. 교육청 영재교육원은 기본 과정, 대학부설 영재교육원은 심화 과정, 사사 과정을 담당합니다.

Q 어느 영재교육원이 들어가기 쉽나요?

A 대부분 대학부설 영재교육원이 더 합격하기 어렵습니다. 대학부설 영재교육원은 9~11월, 교육청 영재교육원은 11~12월에 선발합니다. 먼저 선발하는 대학부설 영재교육원에 대부분의 학생들이 지원하고 상대평가로 합격이 결정되므로 경쟁률이 높고 합격하기 어렵습니다.

Q 선발 요강은 어떻게 다른가요?

A

대학부설 영재교육원은 대학마다 다양한 유형으로 진행이 됩니다.	교육청 영재교육원은 지역마다 다양한 유형으로 진행이 됩니다.
1단계 서류 전형으로 자기소개서, 영재성 입증자료 **2단계** 지필평가 (창의적 문제해결력 평가(검사), 영재성판별검사, 창의력검사 등) **3단계** 심층면접(캠프전형, 토론면접 등) 지원하고자 하는 대학부설 영재교육원 요강을 꼭 확인해 주세요.	GED 지원단계 자기보고서 포함 여부 **1단계** 지필평가 (창의적 문제해결력 평가(검사), 영재성검사 등) **2단계** 면접 평가(심층면접, 토론면접 등) 지원하고자 하는 교육청 영재교육원 요강을 꼭 확인해 주세요.

No.2 교재 선택의 기준

Q 현재 4학년이면 어떤 교재를 봐야 하나요?

A 교육청 영재교육원은 선행 문제를 낼 수 없기 때문에 현재 학년에 맞는 교재를 선택하시면 됩니다.

Q 현재 6학년인데, 중등 영재교육원에 지원합니다. 중등 선행을 해야 하나요?

A 현재 6학년이면 6학년과 관련된 문제가 출제됩니다. 중등 영재교육원이라 하는 이유는 올해 합격하면 내년에 중 1이 되어 영재교육원을 다니기 때문입니다.

Q 대학부설 영재교육원은 수준이 다른가요?

A 대학부설 영재교육원은 대학마다 다르지만 1~2개 학년을 더 공부하는 것이 유리합니다.

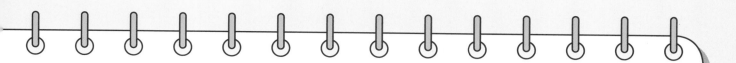

No.3 지필평가 유형 안내

Q 영재성검사와 창의적 문제해결력 검사는 어떻게 다른가요?

A 과거

영재성검사
언어창의성
수학창의성
수학사고력
과학창의성
과학사고력

+

학문적성검사
수학사고력
과학사고력
창의사고력

=

창의적 문제해결력 검사
수학창의성
수학사고력
과학창의성
과학사고력
융합사고력

현재

영재성검사
일반창의성
수학창의성
수학사고력
과학창의성
과학사고력

창의적 문제해결력 검사
수학창의성
수학사고력
과학창의성
과학사고력
융합사고력

지역마다 실시하는 시험이 다릅니다.
서울: 창의적 문제해결력 검사
부산: 창의적 문제해결력 검사(영재성검사 + 학문적성검사)
대구: 창의적 문제해결력 검사
대전 + 경남 + 울산: 영재성검사, 창의적 문제해결력 검사

No.4 영재교육원 대비 파이널 공부 방법

Step1 자기인식

자가 채점으로 현재 자신의 실력을 확인해 주세요. 남은 기간 동안 효율적으로 준비하기 위해서는 현재 자신의 실력을 확인해야 합니다. 남은 기간이 많지 않았다면 빨리 지필평가에 맞는 교재를 준비해 주세요.

Step2 답안 작성 연습

지필평가 대비로 가장 중요한 부분은 답안 작성 연습입니다. 모든 문제가 서술형이라서 아무리 많이 알고 있고, 답을 알더라도 답안을 제대로 작성하지 않으면 점수를 잘 받을 수 없습니다. 꼭 답안 쓰는 연습을 해 주세요. 자가 채점이 많은 도움이 됩니다.

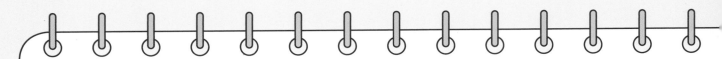

안쌤이 생각하는 영재교육원 대비 전략

1. 학교 생활 관리: 담임교사 추천, 학교장 추천을 받기 위한 기본적인 관리

- 교내 각종 대회 대비 및 창의적 체험활동(www.neis.go.kr) 관리
- 독서 이력 관리: 교육부 독서교육종합지원시스템 운영

2. 흥미 유발과 사고력 향상: 학습에 대한 흥미와 관심을 유발

- 퍼즐 형태의 문제로 흥미와 관심 유발
- 문제를 해결하는 과정에서 집중력과 두뇌 회전력, 사고력 향상

▲ 안쌤의 사고력 수학 퍼즐 시리즈 (총 14종)

3. 교과 선행: 학생의 학습 속도에 맞춰 진행

- '교과 개념 교재 ➡ 심화 교재'의 순서로 진행
- 현행에 머물러 있는 것보다 학생의 학습 속도에 맞는 선행 추천

4. 수학, 과학 과목별 학습

- 수학, 과학의 개념을 이해할 수 있는 문제해결력 향상

▲ 안쌤의 STEAM + 창의사고력
수학 100제 시리즈
(초등 1, 2, 3, 4, 5, 6학년)

▲ 안쌤의 STEAM + 창의사고력
과학 100제 시리즈
(초등 1, 2, 3, 4, 5, 6학년)

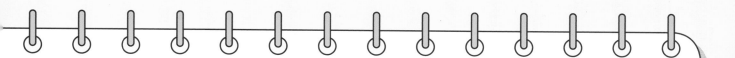

5. 융합사고력 향상

- 융합사고력을 향상시킬 수 있는 문제해결로 구성

◀ 안쌤의 수 · 과학 융합 특강

6. 지원 가능한 영재교육원 모집 요강 확인

- 지원 가능한 영재교육원 모집 요강을 확인하고 지원 분야와 전형 일정 확인
- 지역마다 학년별 지원 분야가 다를 수 있음

7. 지필평가 대비

- 평가 유형에 맞는 교재 선택과 서술형 답안 작성 연습 필수

▲ 영재성검사 창의적 문제해결력
모의고사 시리즈
(초등 3~4, 5~6, 중등 1~2학년)

▲ SW 정보영재 영재성검사
창의적 문제해결력 모의고사 시리즈
(초등 3~4, 초등 5~중등 1학년)

8. 탐구보고서 대비

- 탐구보고서 제출 영재교육원 대비

◀ 안쌤의 신박한 과학 탐구보고서

9. 면접 기출문제로 연습 필수

- 면접 기출문제와 예상문제에 자신
만의 답변을 글로 정리하고, 말로
표현하는 연습 필수

◀ 안쌤과 함께하는 영재교육원 면접 특강

이 책의 구성과 특징

STEP ①

교과 개념과 관련된 재미 있는 주제와 스토리를 읽고 흥미를 유발해요!

STEP ②

한 가지 주제에 대해 과학적으로 탐구해 보고, 수학적으로 사고해 보고, 융합적으로 사고해 보며 과학탐구력, 수학사고력, 융합사고력을 동시에 향상시킬 수 있어요!

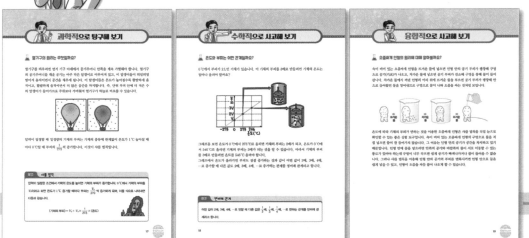

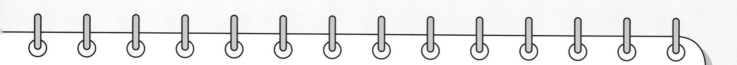

STEP ④

상세한 예시답안으로 왜 틀렸는지, 혹시 부족한 부분은 없었는지 알아보고 더 확실히 공부할 수 있어요.

STEP ③

주제에 대한 사고력 문제, STEAM 문제를 해결하면서 비판적 사고력을 키워 봐요!

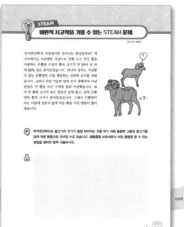

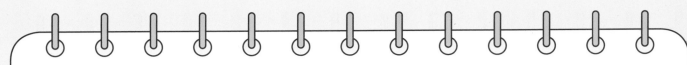

이 책의 차례

우리가 좋아하는 대구가 작아지고 있다고?!

과학 기술의 발전은 배의 성능과 물고기 떼를 탐지하는 기술의 발전으로 이어졌습니다. 촘촘한 그물을 사용해 어린 물고기까지 모두 잡는 어업 방식으로는 어자원이 고갈될 수 있기 때문에 어업 활동을 제한하는 법이 만들어졌습니다. 그 가운데 하나가 어획용 그물망 간격의 크기를 제한하는 '선택적 어업(selective fishing)'입니다.

그물망 간격을 일정한 크기 이상으로 하면 어린 물고기들은 그물망을 빠져나가고, 어느 정도 크기 이상 자란 물고기만 잡을 수 있습니다. 이 방법으로 초기에는 어획량이 줄어들겠지만, 꾸준한 어업 활동(지속 가능한 어업)을 위해 꼭 필요한 제도였습니다.

그러나 최근 선택적 어업이 촘촘한 그물을 사용하는 방법에 비해 무조건 더 좋은 방법이라고 할 수 없게 됐습니다. 그 이유는 선택적 어업이 뜻하지 않게 물고기의 진화에 영향을 미치고, 장기적인 관점에서 어업에 악영향을 줄 수 있기 때문입니다.

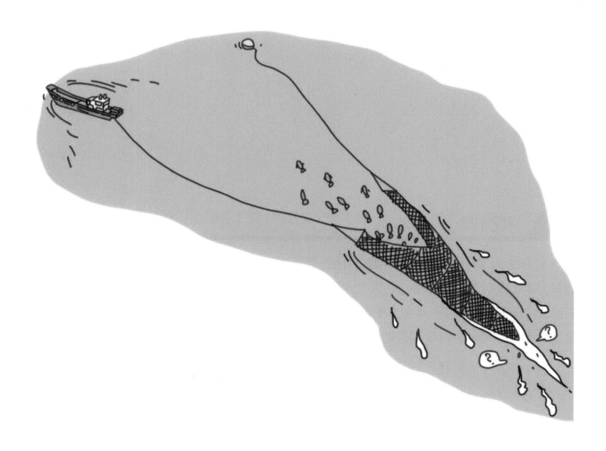

비판적 사고력을 기를 수 있는 사고력 문제

예시답안 **128**쪽

어떤 연구에서는 선택적 어업과 같이 사람의 개입이 야생 생물의 진화에 영향을 미치는 것을 '부자연선택(unnatural selection)'이라고 표현했습니다. 자연계에서 환경에 적합한 종이 더 잘 살아남는다는 찰스 다윈의 '자연선택(natural selection)'과 대조되는 결과가 나타나기 때문에 이런 이름을 붙였다고 합니다.

 선택적 어업처럼 좋은 의도로 시작한 정책이 왜 부자연선택으로 불리는 바람직하지 못한 결과로 이어지는지 그 이유를 서술하시오.

Ⓐ

참고   **자연선택**

찰스 다윈은 생명체들 사이에는 격렬한 생존 경쟁이 있다고 주장했습니다. 주어진 환경에서 생존과 번식이 유리한 종은 잘 살아남고, 그들의 좋은 점은 후손에게 전달되어 후손이 결국 새로운 종으로 진화하게 된다고 설명했습니다.

비판적 사고력을 기를 수 있는 STEAM 문제

예시답안 **128**쪽

'부자연선택'은 어업에서만 일어나는 현상일까요? 캐나다에서는 무분별한 사냥으로 인해 크고 멋진 뿔을 자랑하는 큰뿔양 수컷의 뿔의 크기가 약 20여 년 만에 25% 정도 줄어들었습니다. 캐나다 정부는 사냥할 수 있는 큰뿔양의 수를 제한하는 선의의 조치를 내렸습니다. 그러나 사냥 가능한 양의 수가 정해지자 사냥꾼들은 '큰 뿔을 지닌' 수컷을 골라 사냥했습니다. 얼마 후 뿔의 크기가 작은 양들만 남게 됐고, 점차 큰뿔양의 뿔의 크기가 줄어들었습니다. 그래서 큰뿔양이라는 이름에 걸맞지 않게 작은 뿔을 가진 양들이 많아졌습니다.

Q 부자연선택으로 물고기의 크기가 점점 작아지는 것을 막기 위해 촘촘한 그물로 물고기를 잡게 되면 멸종으로 이어질 수도 있습니다. 생물종을 보호하면서 어업 활동을 할 수 있는 방법을 원리와 함께 서술하시오.

A

줄무늬에 담긴 많은 정보, 바코드의 원리

우리가 마트에서 어떤 물건을 살 때를 떠올려 봅시다. 상품의 포장이나 꼬리표에 표시된 검고 흰 줄무늬를 본 적이 있을 것입니다. 판매원은 빨간색 빛을 검고 흰 줄무늬에 쏘아 읽힌 정보를 통해 계산합니다. 암호와 같은 검고 흰 줄무늬를 바코드라고 하는데, 그 이름의 어원은 '막대(Bar) 모양으로 생긴 부호(Code)'라는 뜻입니다. 바코드를 자세히 살펴보면, 굵기가 서로 다른 검은 막대와 흰 막대가 섞인 채 나열되어 있는 것을 볼 수 있습니다.

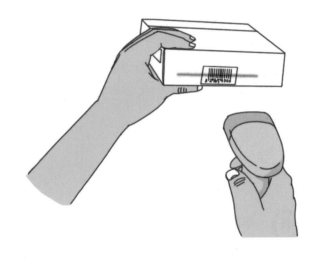

 바코드에는 어떤 내용이 들어 있을까요?

우리는 대부분 바코드에 상품의 가격이 저장돼 있다고 생각합니다. 바코드에는 정말 상품의 가격이 저장돼 있을까요?

A 마트에서 우유를 살 때와 B 마트에서 우유를 살 때를 생각해 봅시다. 같은 우유의 바코드를 똑같이 인식시켰지만 다른 가격이 나왔습니다. 즉, 바코드에는 가격이 아니라 다른 내용이 저장되어 있는 것으로 생각할 수 있습니다. 바코드에 저장되어 있는 것은 자동차 번호와 같은 상품의 고유번호입니다.

1. 국가코드
2. 제조업체코드
3. 자체상품코드
4. 검증코드

〈표준형 코드〉　〈단축형 코드〉

이와 같이 바코드는 막대로 표현되므로 1차원 바코드라고 할 수 있습니다.

 그럼 2차원 바코드도 가능하지 않을까요?

배열이 나란한 막대 모양의 바코드를 1차원 바코드라고 하고, 작은 사각형 안에 점자나 모자이크와 같은 형태로 정보를 입력한 바코드를 2차원 바코드라고 합니다. 요즘 쉽게 접할 수 있는 QR코드가 대표적인 2차원 바코드입니다.

1차원 바코드는 막대의 굵기에 따라 가로 방향으로만 최대 30글자를 코드화하지만, 2차원 바코드는 가로와 세로 격자무늬에 모두 정보를 담을 수 있어 최대 3000글자까지 코드화할 수 있습니다. 2차원 바코드는 기존의 것보다 100배나 많은 정보를 담을 수 있고, 같은 정보라면 코드의 크기를 $\frac{1}{30}$로 작게 할 수 있습니다.

정보 표현

정보 표현

정보 표현

〈1차원 바코드〉　〈2차원 바코드〉

QR코드에는 어떤 내용이 들어 있을까요?

2차원 바코드인 QR코드에는 대부분 동영상 파일이나 이미지가 저장되어 있다고 생각합니다. 스마트폰으로 QR코드를 인식할 때, 인터넷에 연결이 되어 있어야 합니다. 그렇지 않으면 QR코드를 카메라로 스캔해도 화면을 찾을 수 없다고 나오는 경우가 많습니다. 그 이유는 보통 QR코드에 인터넷 주소가 저장되어 있기 때문입니다. 인터넷 주소를 2차원 바코드인 QR코드에 저장하면 인터넷 주소를 하나하나 입력하지 않아도 QR코드에 저장된 인터넷 주소로 바로 연결되어 홈페이지나 동영상을 열어 볼 수 있게 됩니다.

QR코드가 아닌 다른 형태로 2차원 바코드를 만들 수 있을까요?

QR코드 외에 다양한 형태의 2차원 바코드가 있습니다. 2차원 바코드는 작은 모양(심벌)에 많은 정보를 담을 수 있어, 대용량의 데이터를 저장할 수 있습니다.
이러한 2차원 바코드의 장점은 여러 방면에서 활용이 가능합니다.

ISO 국제 표준화된 2차원 바코드		
QRcode	Data Matrix	Maxicode

〈ISO 국제 표준화된 2차원 바코드 예시〉

비판적 사고력을 기를 수 있는 STEAM 문제

예시답안 **128쪽**

Q 많은 정보를 넣을 수 있는 2차원 바코드의 장점을 활용할 수 있는 생활 속 아이디어를 서술하시오.

A

캔 음료수, 보온병은 왜 원기둥 모양일까요?

우리는 마트나 편의점에 진열된 많은 캔 음료수를 보면 한 가지 공통점을 발견할 수 있습니다. 그 모양이 모두 원기둥 모양이라는 것입니다. 캔 음료수뿐만 아니라 통조림이나 보온병의 모양도 대부분 원기둥 모양입니다.

그 이유는 무엇일까요?

수학적으로 사고해 보기

 부피가 같을 때, 겉넓이가 가장 작은 도형은 무엇일까요?

캔 음료수나 통조림의 모양이 원기둥 모양인 이유에는 경제적인 이유가 숨어 있습니다. 이익을 많이 남기려면 상품을 만드는 데 들어가는 비용이 적어야 합니다. 음식을 담는 용기를 만드는 데 재료를 적게 사용하면 비용을 줄일 수 있습니다. 그 모양이 바로 원기둥 모양인 것입니다.

삼각기둥, 사각기둥, 원기둥 모양의 입체도형의 겉넓이와 부피를 비교해 확인해 볼까요? 먼저 각 도형의 밑면의 모양인 정삼각형, 정사각형, 원의 넓이와 둘레를 비교하면 다음 표와 같습니다.

도형 이름	정삼각형	정사각형	원
밑면의 모양	(정삼각형)	(정사각형)	(원)
넓이	100 cm^2	100 cm^2	100 cm^2
둘레	약 45.6 cm	40 cm	약 35.4 cm

〈밑면의 모양에 따른 둘레와 넓이〉

각 도형의 넓이가 100 cm^{2}일 경우 정삼각형의 둘레는 약 45.6 cm이고, 정사각형의 둘레는 40 cm, 원의 둘레는 약 35.4 cm입니다. 즉, 각 도형의 넓이가 같을 때 원의 둘레가 가장 짧은 것을 알 수 있습니다.

밑면의 넓이와 높이가 같은 삼각기둥, 사각기둥, 원기둥을 비교하면 다음 표와 같습니다.

도형 이름	삼각기둥	사각기둥	원기둥
밑면의 모양			
밑면의 넓이	100 cm^2	100 cm^2	100 cm^2
높이	10 cm	10 cm	10 cm
부피	1000 cm^3	1000 cm^3	1000 cm^3
겉넓이	약 656 cm^2	600 cm^2	약 554 cm^2

〈밑면의 모양에 따른 부피와 겉넓이〉

밑면의 넓이와 기둥의 높이가 같다면 밑면의 모양과 관계없이 부피가 같습니다. 같은 부피일 때 겉넓이를 비교하면 다음과 같습니다.

(삼각기둥의 겉넓이) > (사각기둥의 겉넓이) > (원기둥의 겉넓이)

즉, 같은 두께로 용기를 만들 때, 가장 적은 재료를 사용해 원기둥 모양의 용기를 만들 수 있습니다. 따라서 캔 음료수, 통조림 등을 모두 원기둥 모양으로 만듭니다.

과학적으로 탐구해 보기

 용기가 공기와 닿는 면적을 최대한 줄이려면 어떻게 해야 할까요?

보온병의 모양도 원기둥 모양입니다. 용기를 만드는 데 가장 적은 재료를 사용한다는 것 외에도 또다른 이유를 생각해 볼 수 있습니다.

보온병의 용도는 용기 안에 담긴 물질의 온도를 주위의 온도에 관계없이 일정하게 유지하도록 하는 것입니다. 뜨거운 물을 공기 중에 두면 공기 중으로 열을 빼앗겨 점점 주변의 온도와 같아지며 식습니다. 보온병에 뜨거운 물을 담아 천천히 식게 하려면 용기와 공기(온도가 낮은 외부)가 닿는 면적을 최대한 줄여야 합니다. 같은 부피일 때 겉넓이가 가장 작은 것은 원기둥 모양이므로 공기와 닿는 면적을 가장 적게 할 수 있습니다. 이러한 이유로 보온병의 모양 또한 원기둥 모양입니다.

융합적으로 사고해 보기

 같은 부피일 때 원기둥보다 겉넓이가 작은 입체도형이 있을까요?

원기둥과 같은 부피를 담을 수 있지만 용기를 만드는 데 더 적은 재료가 필요한 입체도형이 있습니다. 그것은 바로 '구'입니다. 중력이 작용하지 않는 우주선 안에서 물방울을 떨어뜨리면 물방울이 완전한 구 모양을 하며 둥둥 떠다닙니다. 그 이유는 물 입자끼리 서로 당기는 힘에 의해 표면적(겉넓이)을 가장 작게 만들기 때문입니다.

그러면 왜 구 모양으로 보온병을 만들지 않을까요? 구 모양은 뚜껑을 만들기 어렵고 여기저기 잘 굴러다니며, 무엇보다 한 손으로 잡기 불편합니다. 만약 한 손으로 쉽게 잡을 수 있는 크기로 구 모양을 만든다면, 그 크기가 작아서 보온병 안에 담을 수 있는 양도 작아집니다.

주먹밥의 기원은 명확하지 않지만 오랜 옛날부터 전쟁터나 여행길에서 주먹밥을 먹은 것이 여러 문헌에서 확인됩니다. 임진왜란 때 조선 병사들은 전투 식량으로 콩가루 주먹밥과 된장 주먹밥을 먹었다고 기록되어 있습니다.

요즘에는 동글동글한 주먹밥보다 삼각김밥이 더 친숙합니다. 삼각기둥 모양의 일본식 주먹밥 오니기리에서 유래한 삼각김밥이 우리나라에 등장한 것은 1990년대입니다. 삼각김밥은 만드는 방법이 쉽고, 속에 들어가는 내용물에 따라 다양한 맛을 낼 수 있습니다. 또한, 휴대하거나 먹기 간편해 많은 사람들이 즐겨 먹는 편의점 대표 식품이 됐습니다.

Q 우리가 흔히 먹는 김밥은 적은 양의 김으로 많은 내용물을 싸기 위해 원기둥 모양을 하고 있지만 삼각김밥은 삼각기둥 모양입니다. 삼각김밥이 삼각기둥 모양이어서 좋은 점을 3가지 서술하시오.

A

04 열기구는 어떤 원리로 날아오르는 것일까요?

영화 '80일간의 세계 일주'는 쥘 베른의 모험 소설 '80일간의 세계 일주'를 원작으로 한 영화입니다. 주인공이 친구들과의 내기 때문에 세계 일주를 하게 되는데, 증기선, 기관차, 썰매, 보트, 코끼리, 열기구와 같은 다양한 이동 수단을 이용해 80일 만에 세계 일주를 성공한다는 내용입니다. 특히, 영화에서 열기구를 타고 하늘에서 내려다보는 아름다운 풍경은 영화의 하이라이트 중의 하나입니다.

하늘을 날기 위해 이용한 열기구는 어떤 원리로 날아오르는 것일까요?

 열기구의 원리는 무엇일까요?

열기구를 띄우려면 먼저 기구 아래에서 공기주머니 안쪽을 계속 가열해야 합니다. 열기구의 공기주머니를 채운 공기는 아주 작은 알갱이로 이루어져 있고, 이 알갱이들이 띄엄띄엄 떨어져 움직이면서 공간을 채우게 됩니다. 이 알갱이들은 온도가 높아질수록 활발하게 움직이고, 활발하게 움직이면서 더 많은 공간을 차지합니다. 즉, 단위 부피 안에 더 적은 수의 알갱이가 들어가므로 주위보다 가벼워져 열기구가 하늘로 떠오를 수 있습니다.

압력이 일정할 때 일정량의 기체의 부피는 기체의 종류에 관계없이 온도가 $1\,^{\circ}\mathrm{C}$ 높아질 때마다 $0\,^{\circ}\mathrm{C}$일 때 부피의 $\dfrac{1}{273}$씩 증가합니다. 이것이 샤를 법칙입니다.

참고　　**샤를 법칙**

압력이 일정한 조건에서 기체의 온도를 높이면 기체의 부피가 증가합니다. $0\,^{\circ}\mathrm{C}$에서 기체의 부피를 V_0이라고 하면 온도가 $1\,^{\circ}\mathrm{C}$ 증가할 때마다 부피는 $\dfrac{V_0}{273}$씩 증가하게 되며, 이를 식으로 나타내면 다음과 같습니다.

$$(\text{기체의 부피}) = V_0 + V_0 \times \dfrac{1}{273} \times (\text{온도})$$

수학적으로 사고해 보기

 온도와 부피는 어떤 관계일까요?

0 °C에서 부피가 2 L인 기체가 있습니다. 이 기체의 부피를 3배로 만들려면 기체의 온도는 얼마나 올려야 할까요?

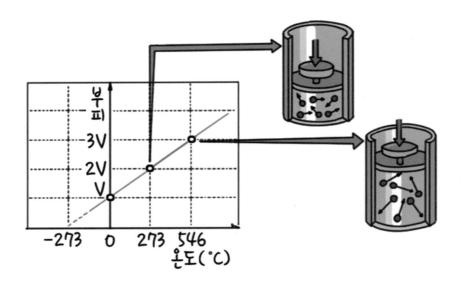

그래프를 보면 온도가 0 °C에서 273 °C로 올리면 기체의 부피는 2배가 되고, 온도가 0 °C에서 546 °C로 올리면 기체의 부피는 3배가 되는 것을 알 수 있습니다. 따라서 기체의 부피를 3배로 만들려면 온도를 546 °C 올려야 합니다.

그래프에서 온도가 올라가면 부피도 점점 증가하는 것과 같이 어떤 값이 2배, 3배, 4배, …로 증가할 때 다른 값도 2배, 3배, 4배, …로 증가하는 관계를 정비례 관계라고 합니다.

참고 **반비례 관계**

어떤 값이 2배, 3배, 4배, …로 변할 때 다른 값은 $\frac{1}{2}$배, $\frac{1}{3}$배, $\frac{1}{4}$배, …로 변하는 관계를 반비례 관계라고 합니다.

융합적으로 사고해 보기

 오줌싸개 인형의 원리에 대해 알아볼까요?

속이 비어 있는 오줌싸개 인형을 뜨거운 물에 넣으면 인형 안의 공기 부피가 팽창해 구멍으로 공기(기포)가 나오고, 차가운 물에 넣으면 공기 부피가 감소해 구멍을 통해 물이 들어갑니다. 차가운 물에서 꺼낸 인형의 머리 위에 뜨거운 물을 부으면 공기 부피가 팽창해 안으로 들어왔던 물을 밀어내므로 구멍으로 물이 나와 오줌을 싸는 것처럼 보입니다.

온도에 따라 기체의 부피가 변하는 것을 이용한 오줌싸개 인형은 샤를 법칙을 직접 눈으로 확인할 수 있는 좋은 실험 도구입니다. 속이 비어 있는 오줌싸개 인형의 구멍으로 물을 직접 넣으면 물이 잘 들어가지 않습니다. 그 이유는 인형 안의 공기가 공간을 차지하고 있기 때문입니다. 인형 안에 물을 넣으려면 안쪽의 공기와 바깥쪽의 물이 서로 이동할 수 있는 통로가 있어야 하는데 구멍이 너무 작으면 쉽게 공기가 빠져나가거나 물이 들어올 수 없습니다. 그러나 샤를 법칙을 이용해 인형 안의 공기의 부피를 변화시키면 인형 안으로 물을 쉽게 넣을 수 있고, 인형이 오줌을 싸듯 물이 나오게 할 수 있습니다.

비판적 사고력을 기를 수 있는 STEAM 문제

예시답안 **129**쪽

 오줌싸개 인형처럼 우리 주변에서 샤를 법칙을 확인할 수 있는 경우를 서술하시오.

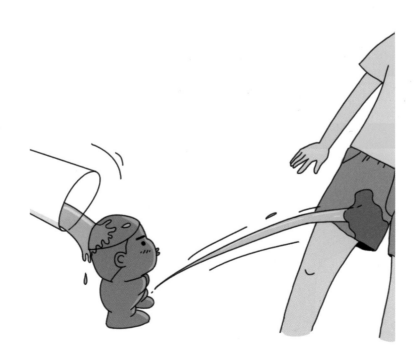

05

두 과자의 무게는

어떻게 비교할까요?

유준이와 예은이는 각자 과자를 하나씩 사서 맛있게 먹고 있습니다.

〈유준이가 산 과자〉   〈예은이가 산 과자〉

예은이가 먹고 있던 과자가 맛있어 보인 유준이가 물었습니다.

"예은아, 우리 과자 하나씩 바꾸어 먹을래? 네 과자가 맛있어 보여서 그래."
"좋아. 하지만 내 과자가 더 크니까 내 과자 2개와 네 과자 3개랑 바꾸자."
"아니야. 내 과자가 더 무겁지만 내가 양보해서 하나씩 바꾸자고 한 거야."
"내 과자가 더 크고 무거운 것 같은데…."

유준이와 예은이의 과자의 무게를 어떻게 비교할 수 있을까요?
과자의 무게를 확인하는 방법에 대해 생각해 봅시다.

과학적으로 탐구해 보기

 윗접시저울을 이용해 두 과자의 무게를 비교해 볼까요?

가장 간단한 방법은 다음과 같이 윗접시저울을 이용하는 것입니다. 두 과자를 올려놓기 전에 윗접시저울이 수평이 되도록 만든 후 과자를 양쪽 접시 위에 올려보면 두 과자의 무게를 간단히 비교할 수 있습니다.

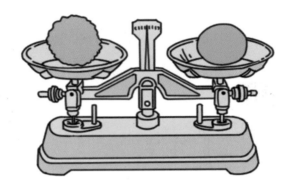

두 번째 방법은 기준이 되는 물체인 기준 물체를 이용하는 것입니다. 다음과 같이 윗접시저울의 한쪽에 기준 물체를 올려 두고 기준 물체와 과자의 무게를 비교할 수 있습니다.

기준 물체로 적당한 것에는 어떤 것이 있을까요? 각각의 무게가 일정하고 너무 무겁지 않으면서 주변에서 쉽게 구할 수 있는 물건을 기준 물체로 정하는 것이 좋습니다. 이러한 것에는 단추, 동전, 클립, 쇠못 등이 있습니다.

 윗접시저울이 없을 때, 두 과자의 무게를 비교해 볼까요?

 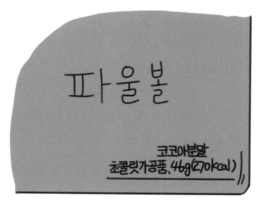

모든 과자에는 과자 한 봉지의 총 무게가 표시되어 있으므로, 간단한 계산을 통해 과자 1개의 대략적인 무게를 구할 수 있습니다. 과자 한 봉지에 몇 개의 과자가 들어 있는지 세어보고 과자 한 봉지의 무게를 과자의 개수로 나누면 과자 1개의 대략적인 무게를 구할 수 있습니다.

만약 칸쵸오 한 봉지에는 20개의 과자가 들어 있고, 파울볼 한 봉지에는 23개의 과자가 들어 있다고 가정해 봅시다. 위의 그림 속 과자 봉지의 무게를 이용해 과자 1개의 무게를 구하면 다음과 같습니다.

칸쵸오 한 봉지의 무게는 60 g이므로 $60 \div 20 = 3$에서 과자 1개의 대략적인 무게는 3 g이고, 파울볼 한 봉지의 무게는 46 g이므로 $46 \div 23 = 2$에서 과자 1개의 대략적인 무게는 2 g입니다. 즉, 칸쵸오 과자 2개와 파울볼 과자 3개의 무게가 서로 같습니다.

이와 같은 방법으로 과자의 무게를 서로 비교해 볼 수 있습니다.

융합적으로 사고해 보기

 130년 동안 사용한 질량 1 kg의 기준이 바뀌었다?

기존에는 지름과 높이가 각각 39 mm의 원기둥 모양인 킬로그램원기라는 분동을 1 kg의 기준으로 사용했습니다. 이 분동은 1889년 국제 표준 질량 원기로 지정되어 프랑스의 국제도량국(BIPM)에서 관리하고 있었는데, 질량 원기는 국제 표준이 되는 기준이기 때문에 1 g의 오차도 허용되지 않습니다.

그런데 킬로그램원기의 무게가 점점 줄고 있다는 주장이 제기됐습니다. 공기 중의 산소와 만나 산화하기도 하고, 먼지를 털어내는 과정 등의 이유로 미세하게 질량이 변했다는 것입니다. 실제로 최초의 킬로그램원기보다 최대 1억 분의 6 kg 정도 가벼워졌다는 것이 밝혀지기도 했습니다. 과학자들은 시간이 흐르면 변할 수 있는 질량 원기 대신, 변하지 않고 항상 같은 값을 가지는 것으로 질량 1 kg의 기준을 새롭게 정했습니다. 그 방법은 코일에 전류를 흘려보내면 자기장이 발생해 전자기력이 일어나는 원리를 응용한 것입니다. 저울 한쪽에 1 kg의 원기를 올려놓고, 저울이 기울어지면 코일에 전류를 흘려 전자기력을 발생시켜 저울이 수평을 이루게 합니다. 이때, 전류와 자기장의 세기를 측정하면 1 kg의 질량에 대응하는 값을 얻을 수 있고, 이 값을 이용해 1 kg의 질량에 대응하는 플랑크 상수를 계산할 수 있습니다. 플랑크 상수는 세상에서 가장 작은 상수로, 그 값이 영원히 변하지 않아 새로운 표준으로 사용할 수 있습니다. 이처럼 새롭게 정의된 질량 기준은 2019년 5월 20일부터 세계 각국에서 130년 동안 사용한 질량 원기를 대신하게 됐습니다.

STEAM

비판적 사고력을 기를 수 있는 STEAM 문제

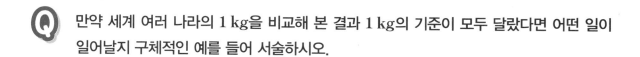

예시답안 **130**쪽

Q 만약 세계 여러 나라의 1 kg을 비교해 본 결과 1 kg의 기준이 모두 달랐다면 어떤 일이
일어날지 구체적인 예를 들어 서술하시오.

내일 비가 올까요?

어느날 저녁 예은이는 아버지와 함께 산책을 나갔다가 줄지어 이동하는 개미들을 보았습니다.

"아빠, 개미들이 줄지어 이동하는 것 좀 보세요. 큰 먹이를 가지러 가는가 봐요."
"그래? 아빠 생각에는 개미들이 줄지어 이동하는 모습을 보니 내일 비가 올 것 같은데?"
"어떻게 아셨어요? 일기예보에서 내일 비가 올 확률이 80%라고 했어요."

예은이 아버지는 왜 내일 비가 온다고 생각하셨을까요? 또, 내일 정말 비가 올까요?

과학적으로 탐구해 보기

 개미들을 보고 왜 비가 올 것이라고 생각했을까요?

주로 땅속에 집을 짓고 사는 개미는 비가 오면 집이 물에 잠기므로 비나 습도를 감지하는 능력이 매우 뛰어나다고 합니다. 이러한 이유로 개미가 줄지어 이동하거나 스스로 개미집 입구를 막으면 곧 비가 올 징조로 알려져 있습니다.

비가 올 징조들을 몇 가지 더 살펴볼까요?

- 개구리가 요란하게 울면 비가 옵니다.
  기압이 낮아지고 습도가 높아지면 피부로 숨을 쉬는 개구리는 숨쉬기가 힘들어져 요란하게 웁니다.

- 물고기가 물 위로 입을 내놓고 호흡하면 비가 옵니다.
  기압이 낮으면 물속의 산소가 부족하게 되어 물고기는 물 위에 입을 내놓고 호흡하게 됩니다.

- 제비가 땅바닥 가까이 낮게 날면 비가 옵니다.
  곤충은 비가 오면 비를 피할 장소를 찾아 숨게 되므로 먹이를 찾으려는 제비도 땅바닥 가까이 낮게 날게 됩니다.

27

🧪 비가 올 확률 80%의 뜻은 무엇일까요?

예은이가 본 일기예보에서는 내일 비가 올 확률이 80%라고 합니다. 내일 정말 비가 올까요?

확률은 어떤 일이 일어나는 가능성을 의미하는 것으로, 확률이 높으면 어떤 일이 자주 일어나고, 확률이 낮으면 어떤 일이 적게 일어난다고 할 수 있습니다. 80%의 확률로 비가 온다는 것은 100번 중 80번은 비가 오지만 20번은 비가 오지 않는다는 것을 의미합니다. 즉, 80%의 확률로 비가 온다는 것은 20%의 확률로 비가 오지 않는다는 의미입니다.

확률은 어떻게 계산할 수 있을까요? 수학에서 확률은 모든 경우의 수에 대해 어떤 일이 일어날 수 있는 가능성을 수로 나타낸 것으로 다음과 같이 계산합니다.

$$(\text{확률}) = \frac{(\text{어떤 일이 일어날 경우의 수})}{(\text{모든 경우의 수})}$$

일반적으로 확률은 분수 또는 소수, 백분율(%) 등으로 나타냅니다. 예를 들어 동전 한 개를 던졌을 때 앞면이 나올 수도 있고, 뒷면이 나올 수도 있습니다. 즉, 동전을 던졌을 때 나오는 모든 경우의 수는 2이고 앞면이 나오는 경우의 수는 1이므로 앞면이 나오는 확률은 $\frac{1}{2}$입니다. 이를 소수로 나타내면 $1 \div 2 = 0.5$이고, 백분율로 나타내면 $\frac{1}{2} \times 100 = 50(\%)$입니다.

융합적으로 사고해 보기

 강수확률에 대해 알아볼까요?

강수확률은 비나 눈이 내릴 확률을 뜻합니다. 강수확률은 일정 기간의 강수 시간이나 강수 일수를 총 시간 또는 총 일수로 나누어 얻은 값으로, 강수량과는 상관이 없습니다. 즉, 강수확률이란 과거의 사례들을 근거로 통계적으로 계산한 수학적 개념입니다.

예를 들어 일기예보에서 강수확률이 80%라는 것은 오늘과 같은 기상 조건을 가진 과거의 100번의 사례 중 80번은 0.1 mm 이상의 비가 내렸고, 나머지 20번은 날씨가 맑았다는 것을 의미합니다. 따라서 강수확률이 50%라면 '비가 올 수도 있고 안 올 수도 있는 경우가 반반이야.'라고 생각하기보다 '오늘과 같은 온도, 습도, 대기의 기상 조건에서, 100번의 사례 중에 50번은 비가 왔었다.'라고 생각해야 합니다.

강수확률이 90%이면 많은 사람들은 '비가 올 것이다.'라고 생각해 우산을 챙기지만, 10%의 낮은 확률로 비가 오지 않은 사례도 있었습니다. 따라서 강수확률이 높다고 무조건 비가 내린다고 단정 지을 수는 없는 것임을 알아야 합니다.

Q 일기예보에서 오늘 강수확률이 65%라고 합니다. 여러분이라면 외출할 때 우산을 챙겨서 나갈 것인지, 우산을 챙기지 않고 그냥 나갈 것인지를 선택하시오. 또, 그렇게 선택한 이유를 서술하시오.

A

강수확률 **65%**

여러분의 선택은?

축구공 모양의 비밀

축구는 많은 사람들이 좋아하는 스포츠 중 하나입니다. 축구를 하기 위해 필요한 것을 한 가지만 고를 수 있다면 무엇을 골라야 할까요? 그것은 바로 축구공입니다. 공만 있다면 축구 경기장처럼 넓은 잔디밭이 아니어도 축구를 할 수 있고, 축구 골대가 없어도 적당한 곳에 선을 그어 골대를 표시한 후 재미있게 축구를 할 수 있습니다. 이처럼 축구에서는 축구공이 가장 중요한 것이므로, 4년마다 열리는 월드컵에서는 항상 새로운 공인구가 개발되고 있습니다. 여기에 한 가지 재미있는 사실이 있습니다. 많은 사람들은 축구공이 둥근 구 모양이라고 알고 있지만, 아직까지 완벽한 구 모양의 축구공은 없었다고 합니다.

과연 축구공 모양에는 어떤 비밀이 숨겨져 있을까요?

과학적으로 탐구해 보기

 빠르고 안정적인 공은 어떻게 만들까요?

월드컵 공인구는 과학적으로 제작됩니다. 특히, 2014년 브라질월드컵 공인구인 브라주카는 이전의 공인구보다 속도가 빠르고, 궤도가 안정적이라는 평가를 받고 있습니다. 그 이유는 무엇일까요?

1970년부터 2002년까지 사용된 공인구들은 정오각형 12개와 정육각형 20개, 총 32조각으로 공을 만들었습니다. 2006년 공인구 팀 가이스트는 14조각, 2010년 공인구 자블라니는 8조각으로, 공을 만드는 조각 수를 줄여 점점 구 모양에 가깝게 만들었다고 합니다. 2014년 공인구 브라주카는 단 6조각으로, 이전까지 나온 공인구보다 가장 완벽에 가까운 구 모양으로 만들었습니다. 공이 구 모양에 가까울수록 공을 찬 선수가 원하는 방향으로 잘 날아갑니다.

2002년 한·일월드컵 공인구
피버노바

2006년 독일월드컵 공인구
팀가이스트

2010년 남아공월드컵 공인구
자블라니

2014년 브라질월드컵 공인구 **브라주카**

공을 이루는 조각의 개수를 줄이면 공이 점점 구 모양에 가까워져 정확성이 좋아지지만 단점도 있습니다. 조각과 조각을 이은 부분이 줄어들어 공의 표면이 매끄러워진다는 것입니다. 공의 표면이 매끄러우면 공기와의 마찰력이 커져 공의 속도가 느려지고, 멀리까지 나아가지 않습니다. 이러한 단점을 보완하기 위해 브라주카는 골프공의 표면처럼 작은 돌기를 만들어 표면을 울퉁불퉁하게 해 빠르고 멀리 날아갈 수 있도록 만들었습니다.
앞으로도 공인구는 디자인과 기술적인 발전을 거듭해 나갈 것입니다.

 오각형과 육각형으로 만든 축구공!

공인구는 1970년 멕시코월드컵에서 처음으로 등장했습니다. 이때 등장한 공인구는 텔스타로 12개의 검은색 오각형과 20개의 흰색 육각형 조각으로 만들어졌습니다. 이 모양은 정이십면체의 각 꼭짓점을 잘라내 구와 비슷하게 만든 것으로 '깎은 정이십면체'라고도 합니다. 실제로 면이 32개가 있으니 삼십이면체이기도 합니다.

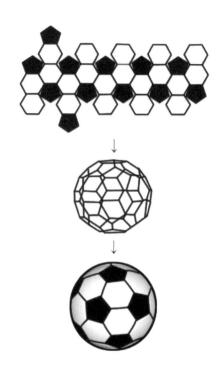

이렇게 만들어진 공의 모양은 아직까지도 축구공을 대표하는 모양입니다. 이 축구공은 육각형과 오각형을 서로 겹치거나 틈이 생기지 않게 이어 붙여 구 모양에 가깝게 만들었습니다. 이처럼 같은 모양의 조각들을 서로 겹치거나 틈이 생기지 않게 놓아 평면이나 공간을 덮는 것을 테셀레이션이라고 합니다.

정다각형으로 이루어진 테셀레이션

테셀레이션은 여러 가지 도형이나 사물들을 같은 모양으로 반복해서 평면 전체를 빈틈없이 채우는 것을 말합니다. 이때, 하나의 정다각형 도형으로만 이루어진 테셀레이션을 정다각형 테셀레이션 또는 정규 테셀레이션이라고 합니다. 정다각형을 이용해 빈틈없이 이어야 하므로, 정다각형 테셀레이션을 이루는 정다각형의 꼭짓점에서 만나는 각의 크기의 합은 360°가 되어야 합니다. 이 조건을 만족하는 정다각형은 다음 그림과 같이 정삼각형, 정사각형, 정육각형 세 가지뿐입니다.

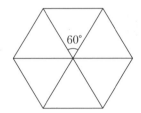 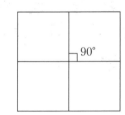 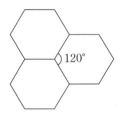

벌집은 자연에서 발견할 수 있는 대표적인 테셀레이션입니다. 벌집은 육각형 모양의 방이 무수히 많이 이어져 있는데, 이러한 구조를 허니콤 구조라고 합니다. 벌집이 육각형 모양인 이유는 최소한의 재료로 얻을 수 있는 가장 넓은 모양이기 때문입니다. 빈틈없이 평면을 채울 수 있으며 수직으로 누르는 힘에 대해 튼튼하므로 안정적입니다. 자연에서 만들어진 허니콤 구조의 안정성을 모방해 벌집 모양은 다양한 분야에서 활용되고 있습니다. 특히, 무게 대비 강도가 중요한 항공 우주 분야에서 오래전부터 널리 이용되고 있습니다. 전투기 날개나 우주왕복선의 내열재 등을 벌집 모양으로 만들고 겉면을 다른 소재로 덮는 형태로 이용되고 있습니다.

비판적 사고력을 기를 수 있는 STEAM 문제

예시답안 131쪽

Q 하나의 도형으로만 이루어진 테셀레이션 외에도 다양한 형태의 테셀레이션이 있습니다.
생활 속에서 볼 수 있는 테셀레이션을 찾아 쓰시오.

A

무게중심을 찾아라!

항해 중인 배가 침몰하면 큰 인명 피해가 발생할 수 있습니다. 배는 보통 40~45° 정도 기울어져도 오뚝이처럼 다시 일어설 수 있는데, 이러한 성질을 복원성이라고 하고 복원성을 나타내는 물리적인 양을 복원력이라고 부릅니다.

배의 복원력은 무게중심과 깊은 관계가 있습니다. 배가 똑바로 떠 있을 때 중력과 반대 방향인 위로 밀어 올리는 힘을 부력이라고 합니다. 부력의 중심선(부심)과 기울어졌을 때 중심선이 만나는 점을 경심(기울어진 상태의 중심)이라고 합니다. 무게중심이 경심보다 낮아야 평형 상태를 회복할 수 있고 반대의 경우에는 배가 뒤집혀집니다. 일반적으로 무게중심은 낮으면 낮을수록, 부심은 높으면 높을수록 복원력이 좋다고 합니다.

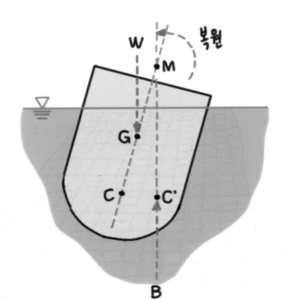

W: 무게
M: 경심
G: 무게중심
C: 부심
B: 부력

과학적으로 탐구해 보기

 무게중심에 대해 알아볼까요?

물체를 어떤 곳에 매달거나 받쳤을 때 수평으로 균형을 이루는 점이 있습니다. 우리는 그 점을 '무게중심'이라고 합니다. 만약 어떤 물체의 무게중심을 받치면 물체 전체를 떠받칠 수 있습니다. 다음 그림과 같이 판판한 막대는 한가운데를 받치면 수평이 됩니다. 반면, 모양이 대칭을 이루지 않는 숟가락은 한 가운데를 받치면 무거운 쪽으로 기울게 됩니다. 이처럼 무게중심은 양쪽이 균형을 이루는 점입니다.

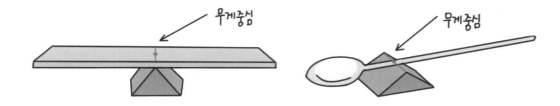

이탈리아의 도시 피사에는 기울어진 탑으로 유명한 피사의 사탑이 있습니다. 이 탑은 1173년 탑을 짓기 시작할 당시부터 탑의 한쪽 지반이 가라앉아 기울어졌습니다. 처음부터 기울어진 탑을 바로 세울 수 없어 층마다 기울어진 각도를 반영해 수직으로 탑을 쌓았고, 약 세 차례에 걸친 공사 끝에 200년 만에 겨우 완성됐습니다.

현재 5.5° 정도 기울어진 피사의 사탑이 아직까지 쓰러지지 않는 이유는 피사의 사탑의 무게중심이 바닥면 안에 있기 때문입니다. 물체가 기우는 것을 막기 위해 물체의 바닥이 넓고, 무게중심이 낮도록 설계한 것과 마찬가지입니다. 또한, 지반의 점토가 찰흙처럼 달라붙어 넘어지지 않는 요소로 작용한다고 합니다.

수학적으로 사고해 보기

 평면도형의 무게중심은 어떻게 찾을 수 있을까요?

원의 무게중심은 원의 중심이고, 정사각형이나 직사각형의 무게중심은 두 대각선의 교점으로 도형의 한 가운데에 있습니다.

 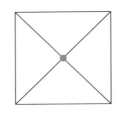 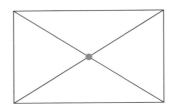

삼각형의 한 꼭짓점에서 마주 보는 변의 중점을 이은 선분을 중선이라고 하는데, 삼각형의 세 중선은 한 점에서 만납니다. 이 점이 삼각형의 무게중심입니다.

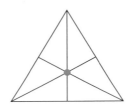

삼각형의 무게중심을 구하는 방법을 이용하면 오각형이나 육각형 등 다른 다각형의 무게중심을 찾을 수 있습니다. 예를 들어 오각형의 무게중심은 오각형을 먼저 세 개의 삼각형으로 나누고, 각 삼각형의 무게중심을 찾습니다. 각 삼각형의 무게중심을 꼭짓점으로 하는 삼각형을 만든 후 그 삼각형의 무게중심을 찾으면 오각형의 무게중심을 찾을 수 있습니다.

융합적으로 사고해 보기

🧪 **무게중심을 이용한 돌탑 쌓기!**

산이나 계곡 등에서 쌓여있는 돌탑을 본 적이 있을 것입니다. 미국에서 활동하는 예술가 마이크 크랩(MIke Crab)은 고대의 돌탑에서 영감을 얻어 자신도 돌로 탑을 쌓기 시작했다고 합니다. 그는 돌탑을 쌓을 때 자신의 집중력과 무게중심만을 이용할 뿐 다른 물리적 방법이나 화학적 방법은 사용하지 않는다고 합니다. 그는 머릿속으로 작품을 구상한 후 밑그림을 완성하면 이후에는 손가락 끝으로 전해져 오는 감각만을 이용해 돌의 무게중심을 찾아 자신만의 돌탑을 완성한다고 합니다.

[출처: 마이크 크랩(https://gravityglue.com/)]

비판적 사고력을 기를 수 있는 STEAM 문제

예시답안 **134**쪽

 돌로 탑을 쌓을 때는 다양한 모양의 돌의 무게중심을 찾아 돌들이 균형을 유지할 수 있도록 쌓아야 합니다. 이와 같이 우리 주변에서 무게중심이 활용되는 곳을 찾아 서술하시오.

A

수십억 마리 메뚜기 떼 출현

세계 곳곳에서 수십억 마리로 추정되는 메뚜기 떼가 나타나 문제가 되고 있습니다. 메뚜기 떼가 논에 나타나면 벼잎과 낟알을 갉아먹어 식량 생산에 심각한 피해를 입히기 때문입니다. 메뚜기 떼를 이루는 메뚜기의 크기는 0.5 cm에서 큰 것은 4 cm에 이르며, 계속 부화가 진행되고 있어 정확한 수를 셀 수가 없을 정도로 많습니다. 관계자들은 '농경지에 메뚜기 떼가 시커멓게 무리 지어 뛰어다니고 있는 것으로 볼 때 수십억 마리로 추정된다.'라고 말합니다.

🧪 **메뚜기 떼를 이루는 메뚜기 수를 어떻게 알 수 있을까요?**

어떤 지역에서 길이가 약 40 km, 폭이 약 60 km 정도 크기의 초대형 메뚜기 떼가 발견되었습니다. 한 연구 결과에 따르면 메뚜기 떼는 면적 1 km² 당 최대 8000만 마리의 메뚜기가 있을 것이라고 합니다. 이를 바탕으로 메뚜기의 수를 생각해 봅니다.

메뚜기 떼의 총면적은 40×60＝2400 (km²)입니다.
메뚜기 떼 1 km²에는 최대 8000만 마리의 메뚜기가 있습니다.
메뚜기 떼 2400 km²에는 최대 2400×8000만＝1920억 (마리)의 메뚜기가 있다고 생각할 수 있습니다.

실제 메뚜기의 수를 정확하게 알 수는 없지만, 몇 가지 기초 정보를 바탕으로 대략적인 근사치를 추정할 수 있습니다. 이와 같은 방법으로 짧은 시간 안에 대략적인 근사치를 추정하는 방법을 페르미 추정법이라고 합니다.

참고 | **페르미 문제**

페르미 문제는 노벨 물리학상 수상자인 이탈리아의 물리학자 엔리코 페르미가 학생들의 사고력을 측정하기 위해 도입한 문제 유형에서 유래했습니다. 다음과 같은 문제가 대표적인 페르미 문제입니다.
① 피자집의 월 매출은 얼마일까요?
② 집회에 참여한 사람은 몇 명일까요?
② 서울 시내 영화관 수는 모두 몇 개일까요?

과학적으로 탐구해 보기

 메뚜기는 어떤 동물일까요?

메뚜기는 곤충의 한 종류로 '메뚜기목'에 속한 곤충을 메뚜기라고 부릅니다. 메뚜기목에는 벼메뚜기, 섬서구메뚜기와 메뚜기와 비슷한 모습을 한 귀뚜라미, 꼽등이, 땅강아지, 베짱이, 여치 등이 포함됩니다. 열대지방을 중심으로 전 세계에 약 2만여 종이 있으며, 우리나라에는 약 200종이 확인됐습니다.

〈벼메뚜기〉　　　　　　　　　　　　　〈귀뚜라미〉

메뚜기는 몸의 길이가 5 mm 이하인 것부터 115 mm 이상인 것까지 크기가 다양합니다. 전체적으로 납작하거나 둥근 통과 같은 모양이며, 종에 따라 녹색, 갈색, 흑색 등 여러 가지 색을 띱니다. 몸은 머리, 가슴, 배의 세 부분으로 나뉘며, 여섯 개의 다리는 가슴에 모두 달려 있습니다. 특히, 뒷다리가 발달해 먼 거리를 뛸 수 있고, 날개는 앞날개와 뒷날개가 각각 한 쌍씩 달려 있습니다.

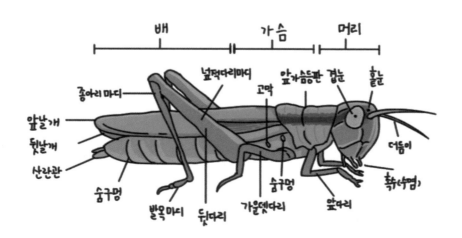

융합적으로 사고해 보기

 미래 식량 메뚜기, 풀무치 식탁에 오른다?

2021년 농촌진흥청과 식품의약품안전처는 풀무치를 새로운 식품 원료로 인정했습니다. 풀무치는 식용 곤충인 벼메뚜기와 같은 메뚜기목으로, 성충인 수컷 풀무치의 길이는 약 4.5 cm, 암컷 풀무치의 길이는 약 6.5 cm입니다. 기존 식용 곤충으로 사용되고 있는 벼메뚜기보다 크기는 2배 이상 크고, 사육 기간이 절반 정도밖에 되지 않아 생산성이 좋습니다.

그러나 풀무치는 사막메뚜기와 함께 농작물에 큰 피해를 주는 곤충이기도 합니다. 몸무게 3~4 g인 풀무치 성체 한 마리가 하루에 자신의 몸무게만큼 풀이나 곡식을 먹을 수 있습니다. 풀무치의 무리는 크게는 수백 km² 규모로까지 생기기도 하므로 떼를 지어 이동한다면 농작물을 다 먹어치울 수 있습니다.

비판적 사고력을 기를 수 있는 STEAM 문제

예시답안 **135**쪽

 메뚜기나 풀무치 떼는 식물이나 농작물에 피해를 줍니다. 메뚜기나 풀무치 떼의 피해를 막을 수 있는 방법을 서술하시오.

A

1 L로 100 km를 가는 자동차

지난 2014년 파리모터쇼에서는 연비가 100 km인 콘셉트 카(Concept Car) 이오랩 (EOLAP)이 공개됐습니다. 콘셉트 카란 자동차 회사의 기술력이나 새로운 디자인을 선보이는 용도로 제작되는 특수한 차를 말합니다. 연비란 자동차가 연료 1 L로 이동할 수 있는 거리로, 연비 100 km는 연료 1 L로 100 km를 이동할 수 있습니다. 일반 승용차의 연비가 20 km 내외인 것을 생각해 보면 이오랩의 연비는 대단한 기술이라고 할 수 있습니다.

 이오랩이 연료 1 L로 100 km 달릴 수 있는 핵심 기술은 무엇일까요?

이오랩은 효과적으로 공기를 가를 수 있도록 외형이 설계됐고, 경량 스틸과 알루미늄 등 가벼운 금속을 사용해 차체의 무게를 줄였습니다. 가장 중요한 핵심 기술은 전기 모터와 엔진이 함께 구동하는 하이브리드에 있습니다. 이오랩에 탑재된 전기 모터를 완충하면 66 km를 이동하고, 이후에는 가솔린 엔진이 작동해 34 km를 이동합니다. 즉, 전기 에너지와 화학 에너지를 함께 사용해 연료 1 L로 100 km를 이동하는 것입니다. 이처럼 하이브리드차는 오염 물질의 배출이 적고, 연비가 우수합니다.

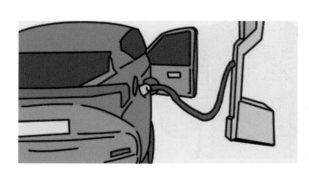 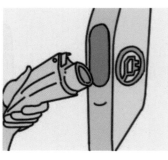

과학적으로 탐구해 보기

하이브리드차에는 충전해서 계속 사용할 수 있는 2차 전지가 사용됩니다. 주로 사용되는 2차 전지로는 니켈-수소 전지와 리튬-이온 전지가 있습니다.

 니켈 – 수소 전지에 대해 알아볼까요?

니켈-수소 전지는 과방전과 과충전에 잘 견딜 수 있고, 충전과 방전 주기가 길어 500회 이상 충전해 사용할 수 있습니다. 또한, 급속 충전과 방전이 가능하며 저온에서 안정성이 높습니다. 단위 부피당 용량이 커 노트북이나 전기 자동차, 하이브리드 자동차에 사용됩니다.

〈노트북용 니켈 – 수소 전지〉

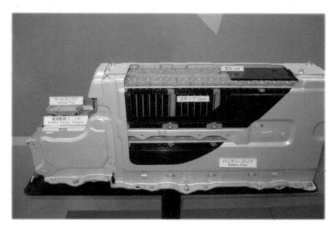

〈차량용 니켈 – 수소 전지〉

🧪 리튬－이온 전지에 대해 알아볼까요?

리튬－이온 전지는 리튬을 주재료로 만든 전지로, 스마트폰이나 디지털카메라, 전기 자동차, 하이브리드 자동차 등 다양한 곳에 사용됩니다. 리튬이 다른 금속보다 가볍기 때문에 리튬－이온 전지는 다른 2차 전지에 비해 상대적으로 가볍습니다. 충전과 방전이 쉬워 관리가 편리하고, 저절로 방전되는 전력 소모량이 적은 것도 장점입니다. 하지만 온도에 민감하고 만들어진 후에는 사용하지 않더라도 기능이 떨어지는 단점이 있습니다.

〈디지털 카메라용 리튬－이온 전지〉

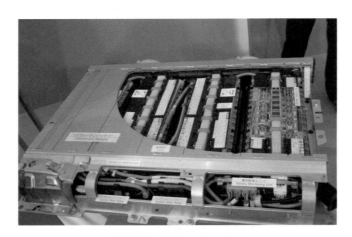

〈차량용 리튬－이온 전지〉

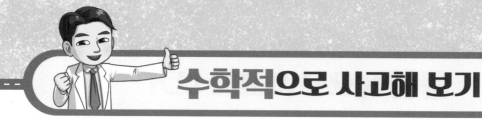

 우리나라는 연비를 어떻게 측정할까요?

자동차의 연비는 연료 1 L로 이동할 수 있는 거리를 나타내므로 다음과 같은 식으로 구할 수 있습니다.

연비(km/L) = 이동 거리(km) ÷ 사용된 연료의 양(L)

만약 12 L의 연료로 144 km를 이동할 수 있는 자동차가 있다면 144 ÷ 12 = 12이므로 이 자동차의 연비는 12 km/L라고 계산할 수 있습니다.

그러나 실제 자동차의 연비는 운전자의 운전 습관이나 도로 환경, 차량의 부품 상태와 탑승자 및 짐의 무게, 온도, 바람의 저항 등 다양한 요인에 의해 달라질 수 있습니다. 따라서 자동차 회사에서 발표하는 공인 연비는 별도의 기준을 만들어 측정하며, 나라마다 측정 기준이 다릅니다. 우리나라에서는 한국에너지공단에서 자동차의 공인 연비를 측정하는데, 실제 주행으로 측정하지 않습니다. 온도와 습도가 일정한 실험실에서 자동차를 측정기에 올려놓고 모의 주행을 실시한 후, 자동차에서 나오는 탄소 성분을 모아 연료의 사용량을 계산해 공인 연비를 측정합니다.

융합적으로 사고해 보기

 친환경 자동차는 무엇인가요?

대기 오염 물질이나 이산화 탄소 배출이 적고, 연비가 우수한 자동차를 친환경 자동차라고 합니다. 하이브리드 자동차, 플러그인하이브리드 자동차, 전기 자동차, 수소 자동차 등이 친환경 자동차입니다. 이 자동차는 기존의 자동차와 어떻게 다를까요?

하이브리드 자동차는 전기 모터와 엔진이 함께 구동하는 자동차입니다. 자동차가 운행하는 동안 생성된 전기를 출발이나 저속 주행에 이용하므로 가솔린 자동차보다 40% 이상 연비가 좋습니다. 플러그인하이브리드 자동차는 하이브리드 자동차와 같은 원리로 작동하며 외부에서 전기를 충전할 수 있도록 한 것입니다. 충전한 전기로 30~40 km 정도 주행할 수 있기 때문에 하이브리드 자동차보다 연료 소모가 적고, 배출가스가 40~50% 적습니다. 전기 자동차는 엔진 없이 전기 모터와 배터리로 차량이 구동됩니다. 화석 연료를 사용하지 않기 때문에 배출가스가 전혀 발생하지 않습니다. 다만 충전 용량이 적을 경우 주행 거리가 짧습니다. 수소와 공기 중의 산소를 반응시켜 전기를 생산하는 연료전지를 사용한 차를 수소 자동차라고 합니다. 수소 자동차는 물 외에 배출가스가 발생하지 않으며 전기 자동차보다 충전 시간이 짧고, 주행 거리가 깁니다.

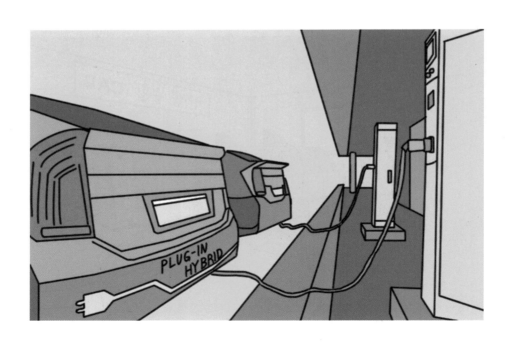

최근 연비가 좋은 친환경 자동차가 많이 개발되고 있습니다. 하지만 같은 자동차라도 어떻게 사용하느냐에 따라 연비가 달라질 수 있습니다. 자동차가 적은 연료로 먼 거리를 이동할 수 있는 방법을 서술하시오.

Ⓐ

별자리 관찰하기

날씨가 추워지고 공기가 건조해지면 밤하늘의 별들이 더욱 선명하게 보입니다. 수많은 별들 중 밝은 별들을 동물의 모습이나 신화에 나오는 사람 또는 사물과 관련지어 이름을 붙인 것이 별자리입니다. 북반구에 위치한 우리나라에서는 북쪽 하늘에서 계절에 관계없이 같은 별자리를 관찰할 수 있습니다.

 북쪽 하늘에서 관찰할 수 있는 대표적인 별자리는 어떤 것이 있을까요?

■ 큰곰자리

북두칠성이라고 불리는 일곱 개의 별을 포함하고 있는 큰곰자리는 북쪽 하늘에서 가장 찾기 쉬운 별자리입니다. 북두칠성의 국자 손잡이는 큰곰의 꼬리에 해당하고, 그 앞쪽으로 큰곰의 몸통과 머리가 있으며 아래쪽으로 다리가 있습니다. 큰곰자리에 해당하는 별 중 밝기가 매우 밝은 별은 맨눈으로도 쉽게 관찰할 수 있어 옛날 아라비아에서는 군인들의 시력 검사에 사용되기도 했습니다.

- 작은곰자리

    북쪽 하늘의 기준이 되는 북극성을 포함하고 있는 별자리입니다. 작은곰자리의 꼬리 끝에 있는 별이 현재의 북극성입니다. 일곱 개의 별이 북두칠성과 같은 국자 모양으로 놓여 있어 북두칠성을 큰 국자로 비유할 때, 작은곰자리는 작은 국자로 비유합니다.

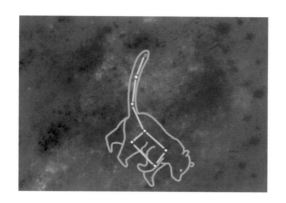

- 카시오페이아자리

    알파벳 W자 모양의 별자리는 카시오페이아자리입니다. 북극성을 중심으로 북두칠성과 서로 반대편에 위치해 있습니다. 카시오페이아자리는 비교적 찾기 쉬운 별자리로 북극성을 찾는 길잡이 별자리로 활용할 수 있습니다.

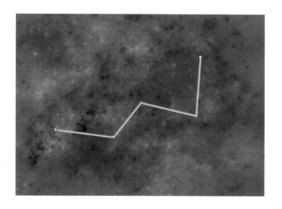

과학적으로 탐구해 보기

🧪 우리가 볼 수 있는 별

밤하늘의 별을 관찰하다 보면 시간이 지남에 따라 별의 위치가 변한 것을 확인할 수 있습니다. 그 이유는 무엇일까요? 그 이유는 지구의 자전 때문입니다. 밤하늘의 별이 움직이는 것처럼 보이지만 실제로는 지구가 움직이는 것입니다.
또, 계절에 따라 관찰할 수 있는 별자리도 달라지는데 이것은 지구의 공전 때문입니다.

북극성은 지구로부터 약 430광년 떨어져 있습니다. '광년'은 빛이 1년 동안 움직여 도달할 수 있는 거리로, 430광년은 빛의 속도로 430년을 달려야 도착할 수 있는 거리입니다. 그러면 지금 우리가 볼 수 있는 북극성의 빛은 과연 언제 출발한 것일까요? 약 430년 전에 출발한 북극성의 빛이 지구에 도착해 지금 우리 눈에 보이는 것입니다.

오늘 북극성에서 출발하고 있는 빛은 약 430년 후에나 지구에 도착할 수 있습니다.
과연 그때 지구는 어떤 모습일까요?

 북쪽 하늘의 별은 1시간에 얼마만큼씩 움직일까요?

북쪽 하늘의 별은 북극성을 중심으로 하루에 한 바퀴씩 도는 것을 관찰할 수 있습니다. 이러한 현상을 별의 일주 운동이라고 하고, 지구의 자전 때문에 나타나는 현상입니다. 지구가 한 바퀴를 돌면 360°이고, 하루는 24시간이므로 360÷24=15, 즉 별은 시간당 15°씩 북극성을 중심으로 동쪽에서 서쪽으로 이동합니다.

 북극성은 얼마나 멀리 떨어져 있을까요?

우리가 지금 볼 수 있는 북극성의 빛은 약 430년 전에 출발한 빛입니다. 빛은 진공 속에서 1초 동안 약 30만 km를 이동합니다. 이 속도는 1초에 지구를 일곱 바퀴 반을 돌 수 있는 정도의 빠르기이며, 지구에서 약 38만 km 떨어진 달까지는 약 1.3초 만에 갈 수 있습니다. 이러한 빠르기로 약 430년 동안 가야 도착하는 북극성은 상상할 수 없을 만큼 멀리 떨어져 있습니다.

 북극성은 어떻게 찾을 수 있을까요?

밤하늘에는 모두 88개의 별자리가 있고, 그중 우리나라에서 볼 수 있는 별자리는 67개입니다. 별자리를 찾기 위해서는 북쪽 하늘의 중심인 북극성을 찾는 것이 좋습니다.

북극성을 찾는 방법 중 가장 널리 알려진 방법은 북두칠성이나 카시오페이아자리를 이용하는 것입니다. 크기가 커서 찾기 쉬운 북두칠성을 먼저 찾았다면 국자 머리 부분의 두 별(A와 B)을 이어 그 거리의 다섯 배 떨어진 곳에서 북극성을 찾을 수 있습니다. 카시오페이아 자리를 먼저 찾았다면 W 모양의 양쪽 변을 이은 연장선이 만나는 점(X)과 가운데 별(Y) 사이를 이어 그 거리의 다섯 배 떨어진 곳에서 북극성을 찾을 수 있습니다.

Q 시골에서는 수많은 별들을 볼 수 있지만, 도시에서는 잘 보이지 않습니다. 도시에서 별이 잘 보이지 않는 이유를 서술하시오.

A

붉은색 눈이 있다? 없다?

겨울은 눈의 계절이기도 합니다. 하늘에서 내리는 순백의 눈으로 온 세상이 하얗게 뒤덮인 모습에 평화로움을 느끼기도 하고, 쌓인 눈으로 눈사람을 만들거나 눈싸움을 하는 등 신나는 활동을 할 수 있습니다. 그러나 한편으로는 눈이 많이 내리는 날은 차량 정체로 인한 도로 혼잡, 폭설로 인한 피해 등과 같이 불편을 초래하기도 합니다.

우리가 겨울철 흔히 볼 수 있는 눈에 대한 흥미로운 과학 상식들을 살펴봅시다.

눈은 항상 흰색일까요?

우리가 흔히 볼 수 있는 눈은 흰색입니다. 그렇다면 흰색이 아닌 붉은색, 초록색을 띠는 눈은 없을까요? 하늘에서 내리는 눈은 아니지만 극지방에서는 봄과 여름에 수박처럼 붉게 물든 눈을 볼 수 있다고 합니다.

19세기 후반 조류학자인 로버트 코다는 현미경 관찰을 통해 붉은색 눈의 비밀을 밝혀냈습니다. 붉은색 눈은 단세포 생물인 조류의 작용으로 생기는 현상이었습니다.

조류가 성장할 수 있는 가장 좋은 환경은 10 ℃이므로, 조류는 겨울 동안 쌓인 눈 밑에서 잠을 자고 따뜻한 봄이 되면 토양과 나무, 곤충 등으로부터 영양분을 흡수해 성장합니다. 성장한 조류는 꼬리 모양의 구조를 이용해 눈의 표면으로 올라오며, 표면에 도달한 후 꼬리를 잘라냅니다. 이 잘린 부위가 붉게 보이기 때문에 눈이 붉게 물든 것처럼 보입니다.

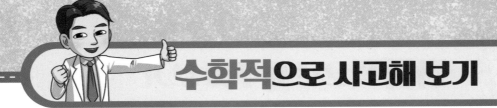
수학적으로 사고해 보기

 눈 결정은 모두 같은 모양일까요?

자연 상태의 눈송이에서 똑같은 모양의 눈 결정을 찾기는 어렵습니다. 구름 속의 물방울이 얼어서 만들어지는 눈 결정은 모두 각각 서로 다른 모양을 띱니다. 모두 다른 모양이지만 대체로 육각형을 기본 구조로 하고 있습니다. 물이 얼 때 물 입자들이 육각형 모양으로 만들어지기 때문입니다. 구름 속에서 만들어진 씨앗 결정이 온도, 습도, 압력, 먼지 등 여러 가지 요인에 영향을 받아 육각형을 기본 구조로 하는 다양한 모양의 눈 결정으로 자라게 됩니다.

〈다양한 모양의 눈 결정〉

 다양한 모양의 눈 결정의 공통점은 무엇일까요?

수많은 모양의 눈 결정이 가진 공통적인 특징은 바로 대칭입니다. 대칭은 점이나 선 또는 평면을 기준으로 양쪽의 모양이 같은 것을 뜻합니다. 대부분의 눈 결정은 가로선과 세로선을 기준으로 반으로 접었을 때 정확하게 포개지는 상하좌우 대칭의 모양을 하고 있습니다.

융합적으로 사고해 보기

 '쌍둥이 눈송이'가 있을까요?

"세상에 똑같은 모양의 눈 결정은 하나도 없다."

1885년 세계 최초로 눈 결정 모양을 촬영한 윌슨 벤틀리의 말입니다. 눈이 떨어지는 속도는 초당 30~100 cm로 대개 상층 기온은 영하권이고, 땅의 온도가 2℃ 이하일 때 내립니다. 눈 결정 모양은 6천 가지가 넘는데, 기온과 수증기의 양, 습도 등에 따라 그 모양이 달라지기 때문입니다. 무수한 변형이 있음에도 눈 결정은 대부분 여섯 개의 가지를 가지고 있는 육각형 모양입니다.

그런데 눈 결정이 모두 제각각이라는 과학 상식에 도전이라도 하듯, 미국의 케네스 리브레히트 교수는 '쌍둥이 눈 결정'을 만들었습니다. 이것은 원하는 구조로 눈 결정이 성장할 수 있도록 온도와 습도를 조절한 실험실 환경에서 이루어졌습니다. 자연에서는 찾아보기 힘들더라도 인공적인 실험 장치를 통해 원하는 구조의 눈 결정을 만들어 낸 것입니다.

예시답안 **136**쪽

 일반적인 눈 결정 모양은 가로선과 세로선을 기준으로 반으로 접었을 때 정확히 포개지는 상하좌우 대칭의 모양입니다. 우리 주변에서 상하좌우 대칭의 모양인 것을 찾아 10가지 서술하시오.

Ⓐ

저 뚱뚱해요?

최근 초등학생들의 비만 정도가 심각해지고 있습니다. 소아 비만은 어린아이가 체중이 지나치게 많이 나가는 증상으로, 자신의 체중이 신장별 표준체중보다 20% 이상인 경우를 소아 비만이라고 합니다. 과식과 운동 부족이 비만의 주원인입니다. 자신의 기초대사량보다 더 많은 열량을 섭취하면 비만으로 이어지는데, 햄버거나 치킨 등 고열량 식품을 즐겨 먹게 되면서 비만인 학생들이 늘어난 것입니다. 또한, 많은 학생들이 학교가 끝난 후 학원에 가게 되므로 운동할 시간이 상대적으로 부족하고, 밖에 나가 뛰어노는 대신 컴퓨터게임, TV 시청 등 실내 활동을 합니다. 그 뿐만 아니라 운동할 시간이 생기더라도 마음껏 뛰어놀 수 있는 운동장이나 놀이터와 같은 안전한 장소가 마땅치 않은 것도 운동 부족의 원인이라고 할 수 있습니다.

소아 비만이 특히 위험한 이유는 무엇일까요? 그 이유는 소아 비만의 75~80%가 성인 비만으로 이어지고 성인병이나 성조숙증과 같은 질병의 원인이 되기 때문입니다.

과학적으로 탐구해 보기

 소아 비만의 75~80%가 성인 비만으로 이어지는 이유는 무엇일까요?

인간을 포함한 모든 생물은 세포로 이루어져 있습니다. 몸의 각 부위마다 다양한 세포가 있는데, 지방을 저장하는 역할을 하는 세포를 지방 세포라고 합니다. 어른의 경우에는 살이 쪄도 새로운 지방 세포가 생기기보다 지방 세포 수는 그대로인 채 세포의 크기만 커지게 됩니다. 하지만 소아의 경우에는 새로운 세포가 많이 생성되는 시기이기 때문에 살이 찌면 지방 세포의 수가 늘어나게 됩니다. 지방 세포의 수가 늘어나면 쉽게 살이 찌는 체질이 되고, 어른이 되어서도 쉽게 비만이 되는 것입니다.

수학적으로 사고해 보기

 비만인지 아닌지 알 수 있는 방법은 무엇일까요?

간단한 계산식을 이용해 비만도를 구한 후, 비만인지 아닌지 판단할 수 있습니다. 자신의 실제 체중과 표준체중의 차를 표준체중으로 나눈 값에 100을 곱한 값이 비만도입니다. 이때, 표준체중은 자신의 키에서 100을 뺀 값에 0.9를 곱해 구할 수 있고, 실제 체중이 표준체중보다 적게 나가는 사람은 비만이 아니므로 계산하지 않아도 됩니다.

비만도(%)＝{(실제 체중－표준체중)÷표준 체중}×100

※ 표준체중＝(키－100)×0.9

위의 식으로 계산한 결과가 10% 미만이면 정상이고, 10% 이상 20% 미만이면 과체중, 20% 이상이면 비만으로 판정합니다. 이 중에서도 20% 이상 30% 미만은 경도(약간) 비만, 30% 이상 50% 미만은 중등도 비만, 50% 이상을 고도 비만으로 분류합니다.

예를 들어 키 140 cm에 체중이 45 kg인 학생의 비만도를 계산해 보면

표준체중은 (140－100)×0.9＝36 (kg)이고, 비만도는 {(45－36)÷36}×100＝25 (%)

입니다. 비만도가 25%이므로 이 학생은 경도 비만으로 분류합니다.

융합적으로 사고해 보기

 표준체중은 어떻게 구할까요?

나이나 성별, 키에 따라 개인에게 적당한 체중을 표준체중이라고 합니다. 표준체중은 여러 가지 방법으로 구할 수 있는데, 보통은 보건복지부의 통계표를 사용합니다.

자신의 키에서 100을 뺀 값이 자신의 표준체중에 가깝다고 합니다. 이 방식을 브로카의 표준체중이라고 하며, 1879년에 발표됐습니다. 이 방식은 키에 따라 다르게 적용되는데 키가 155~165 cm인 사람은 100을 165~175 cm인 사람은 105를, 175~185 cm인 사람은 110을 키에서 빼서 구할 수 있습니다. 키가 155 cm보다 작은 어린이의 경우에는 이 방식으로 표준체중을 구할 수 없습니다.

표준체중을 구하는 또 다른 방법으로는 자신의 키에서 100을 빼고 0.9를 곱하는 방법과 단위를 m로 나타낸 자신의 키를 두 번 곱한 값에 여자는 21, 남자는 22를 곱해 구하는 방법 등이 있습니다.

표준체중 = 키(cm) − 100

표준체중 = (키(cm) − 100) × 0.9

남자 표준체중 = 키(m) × 키(m) × 22

여자 표준체중 = 키(m) × 키(m) × 21

〈표준체중을 구하는 여러 가지 방법〉

비판적 사고력을 기를 수 있는 STEAM 문제

예시답안 **136**쪽

 비만의 정도를 계산하기 위해서는 표준체중을 알아야 합니다. 키에서 100을 빼는 방식으로 표준체중을 구하는 방법은 어린이에게는 적용되지 않는다고 합니다. 표준체중을 구할 때 고려할 점을 5가지 서술하시오.

한글의 우수성

세계 곳곳에 현존하는 언어는 7천 개 이상이며, 여러 민족과 국가에서는 나름의 문자를 사용하고 있습니다. 이 중 완전히 새로운 문자를 창제해 그 원리와 과정, 만든 이와 창제 연도까지 정확하고 상세하게 기록된 사례는 단 하나뿐입니다. 그것은 바로 우리나라의 국보 제70호인 '훈민정음'입니다. 훈민정음은 오늘날의 한글의 창제 이유와 글자의 사용법을 알리기 위해 창제 당시 만들어진 책입니다. 훈민정음은 한글을 소개한 책이자 한글의 옛 이름입니다. '한글'이라는 이름은 일제강점기를 전후로 등장해 현재 우리가 쓰고 있는 글자의 이름입니다. 한글의 '한'은 크다는 뜻이라는 이야기도 있고, 대한제국을 가리킨다는 이야기도 있습니다. 우리가 사용하는 한글이 만들어진 과정과 원리 속에는 엄밀한 법칙과 획기적인 창의성이 담겨 있습니다.

〈훈민정음〉

과학적으로 탐구해 보기

 한글 속에는 어떤 특별한 원리가 있을까요?

한글은 자음과 모음으로 나누어집니다.

한글 기본 자음은 'ㄱ, ㄴ, ㅁ, ㅅ, ㅇ' 5자이며, 이 글자에 획을 하나 더하거나 글자를 포개어 다른 글자를 만듭니다. 'ㄱ'에서 획을 하나 더하면 'ㅋ', 글자를 하나 더 포개면 'ㄲ'이 되는 것입니다. 또한, 자음은 발성 기관이나 그 소리가 나는 모양으로 만들어졌습니다. 예를 들어 'ㄱ'은 '기역'을 발음할 때 혀뿌리가 목구멍을 막는 모습을 본떠 만들었으며, 'ㅇ'은 목구멍의 모습을 본뜬 것입니다. 가장 큰 특징은 글자를 나타내는 소리와 글

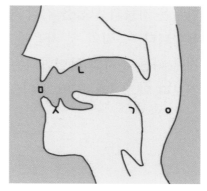

〈자음에 따른 발음〉

자의 모양 사이의 상관관계입니다. 'ㄴ'은 '니은'으로 소리를 내며 혀끝이 윗잇몸에 붙었다 떨어지고, 이런 소리를 혓소리라고 합니다. 'ㄴ, ㄷ, ㅌ, ㄸ' 등이 모두 반혓소리로 생김새가 비슷합니다. 마찬가지로 'ㅁ, ㅂ, ㅃ, ㅍ' 등은 입술이 붙었다 떨어지는 모양이고, 'ㅅ, ㅆ, ㅈ, ㅉ, ㅊ' 등은 앞니에 혀끝이 닿았다 떨어지면서 소리가 나는 것을 알 수 있습니다.

한글 모음은 단 3개의 기호 'ㆍ, ㅡ, ㅣ'를 사용해 여러 가지 모음을 만들어 냅니다. 이 기호를 사용해 만들 수 있는 기본 모음은 'ㅏ, ㅑ, ㅓ, ㅕ, ㅗ, ㅛ, ㅜ, ㅠ, ㅡ, ㅣ' 10자이며, 기본 모음을 합쳐 만들 수 있는 글자까지 총 21자입니다. 간단한 모음 체계로 많은 모음을 만들어 낼 수 있습니다.

세계의 언어 학자들은 한글의 이러한 과학적 원리에 거듭 놀라워하고 있으며, 다른 문자와의 차별성을 극찬하고 있습니다.

 한글 자음과 모음으로 만들 수 있는 글자는 모두 몇 자가 될까요?

한글은 자음과 모음을 각각 하나씩 풀어서 사용하지 않고 모아서 하나의 음절로 만들어 사용합니다. 음절의 첫 자음인 '초성'과 모음인 '중성', 끝 자음인 '종성'을 모아 하나로 만든 것은 다른 문자와 차별화되는 독창적인 방식입니다. 이렇게 모아서 쓰는 것은 풀어서 쓰는 것보다 약 2.5배 더 빨리 읽을 수 있다고 알려졌습니다.

간	초성	중성	종성
	ㄱ	ㅏ	ㄴ

한글 기본 자음은 모두 14자, 기본 모음은 모두 10자입니다. 이 기본 자음과 기본 모음이 초성, 중성을 이루는 글자는 $14 \times 10 = 140$ (자)이고, 초성, 중성, 종성을 이루는 글자는 $14 \times 10 \times 14 = 1960$ (자)입니다. 하지만 '걓, 츂' 등과 같이 실제로 사용되지 않는 글자도 있습니다. 또, '꽝, 뜁' 등과 같은 쌍자음과 이중 모음을 사용한 글자나 '읽'처럼 겹받침이 있는 경우까지 생각하면 다양한 글자를 만들어 낼 수 있습니다.

현대 한글 기본 자음과 모음	
자음	ㄱ, ㄴ, ㄷ, ㄹ, ㅁ, ㅂ, ㅅ, ㅇ, ㅈ, ㅊ, ㅋ, ㅌ, ㅍ, ㅎ
모음	ㅏ, ㅑ, ㅓ, ㅕ, ㅗ, ㅛ, ㅜ, ㅠ, ㅡ, ㅣ

현대 한글 겹자음과 이중 모음		
자음	쌍자음	ㄲ, ㄸ, ㅃ, ㅆ, ㅉ
	겹받침	ㄳ, ㄵ, ㄶ, ㄺ, ㄻ, ㄼ, ㄽ, ㄾ, ㄿ, ㅀ, ㅄ
모음		ㅐ, ㅒ, ㅔ, ㅖ, ㅘ, ㅙ, ㅚ, ㅝ, ㅞ, ㅟ, ㅢ

융합적으로 사고해 보기

 아름다움을 지닌 한글

한글은 문자인 동시에 예술적 감각이 녹아든 작품이라고 평가되고 있습니다. 최근에는 디자인 분야에서도 한글이 다양하게 활용되어 주목받고 있습니다.

한글은 점, 선, 면 등의 기본 요소들로 다양한 글자꼴이 만들어지는데 한글의 형태가 대칭을 이루고 있음을 쉽게 찾을 수 있습니다. 또한, 반복, 회전 등의 원리들이 글자 곳곳에 숨어 있어 보는 이에게 시각적인 균형과 안정감을 줍니다.

예를 들어 'ㅗ'는 중앙의 세로선을 기준으로 접으면 완전히 겹치는 선대칭이고, 'ㅡ'는 글자의 한가운데를 중심으로 180° 돌렸을 때 완전히 겹치는 점대칭입니다.

한글이 지닌 조형적 아름다움은 앞으로도 많은 곳에서 활용될 것입니다.

'마'는 중앙의 가로선을 기준으로 접으면 완전히 겹치는 선대칭입니다. 한글 기본 자음과 기본 모음을 각각 1자씩 사용해 만들 수 있는 글자 중에서 선대칭인 글자를 모두 찾아 쓰시오. (단, 'ㅅ', 'ㅈ', 'ㅊ'은 대칭으로 보지 않습니다.)

A

참고 **선대칭도형과 점대칭도형**

선대칭도형

한 직선을 따라 접어서 완전히 겹치는 도형을 선대칭도형이라고 하고, 이때 그 직선을 대칭축이라고 합니다.

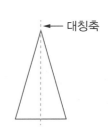

대칭축

점대칭도형

한 점을 중심으로 180° 돌렸을 때 처음 도형과 완전히 겹치는 도형을 점대칭도형이라고 하고, 이때 그 점을 대칭의 중심이라고 합니다.

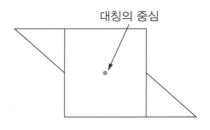

대칭의 중심

선조들의 지혜가 숨어 있는 발명품,
정약용의 거중기

1789년, 정약용은 사도세자의 묘를 수원으로 옮기기 위해 한강에 놓을 배다리를 설계하라는 어명을 받게 됩니다. 배다리는 수십 척 또는 수백 척의 배를 띄워 놓고 그 위에 넓은 판지를 깔아 판지 위로 걸어 다닐 수 있게 만든 다리입니다. 당시 조선에는 한강을 가로지르는 다리가 없었기 때문에 배를 이용해 배다리를 만들었습니다. 정약용은 뚝섬에 배다리를 놓아 사도세자의 묘를 옮기는 데 성공했습니다. 이때 축적한 기술을 바탕으로 1795년 노량진에 배다리를 놓아 대규모 왕실 행렬이 수원을 방문할 수 있었습니다. 정조의 어머니인 혜경궁 홍씨의 회갑연을 기록한 책인 「원행을묘정리의궤(園幸乙卯整理儀軌)」에는 이 배다리로 말 779필과 인원 1779명이 건넜다고 기록돼 있습니다.

정약용의 또 다른 업적에는 수원 화성 축조가 있습니다. 수원 화성은 정조에 의해 세워진 계획도시로, 1997년 유네스코 세계문화유산에도 등재됐습니다. 정약용은 수원 화성을 지을 때 서양의 과학 기술을 도입해 거중기를 만들었습니다. 그는 「기기도설(奇器圖說)」이라는 책을 참고했습니다. 이 책은 당시 스위스 출신의 요하네스 테렌츠가 서양의 기계 지식을 중국어로 소개한 것으로, 서양 물리학의 기본 개념과 도르래의 원리를 이용한 각종 장치가 수록돼 있습니다. 정약용은 12개의 도르래로 이뤄진 거중기를 설계했는데, 거중기를 이용하면 장정 한 사람이 240 kg의 돌도 들 수 있었습니다. 이것은 중국의 기중기보다 4배나 뛰어난 성능이었습니다.

화성 축조에는 거중기 외에도 많은 기계 장비가 사용됐습니다. 짐을 싣는 판이 항상 수평을 유지하는 수레인 '유형거'와 고정 도르래의 원리를 이용한 '녹로', 소가 끄는 수레인 '대거', '평거', '발거' 등이 사용됐습니다. 「화성성역의궤(華城城役儀軌)」에 화성의 설계도와 사용된 기계에 대한 기록이 자세히 남아 있습니다. 과학 기술을 접목한 기계 장비를 사용함으로써 약 10년 정도로 예상된 공사 기간을 2년 반으로 단축시킬 수 있었습니다.

과학적으로 탐구해 보기

 도르래에는 어떤 종류가 있을까요?

거중기에 사용된 도르래는 바퀴에 줄을 걸어 힘의 방향을 바꾸거나 힘의 크기를 줄이는 장치로, 고정 도르래와 움직 도르래의 두 가지 종류가 있습니다. 또한, 고정 도르래와 움직 도르래를 함께 사용한 도르래를 복합 도르래라고 합니다.

고정 도르래	움직 도르래	복합 도르래
힘의 방향은 바꿀 수 있지만 힘의 이익은 없다.	힘의 방향은 바꿀 수 없지만 힘의 이익은 크다.	힘의 방향도 바꿀 수 있으며 힘의 이익도 크다.

■ 고정 도르래

물체를 직접 들어 올리는 것과 같은 힘이 들기 때문에 힘의 이익은 없습니다. 그러나 줄을 아래로 당기면 물체가 위로 올라가므로 힘의 방향을 바꿀 수 있습니다.

■ 움직 도르래

물체를 직접 들어 올릴 때보다 힘의 크기가 반으로 줄어드는 이점이 있습니다. 그러나 물체가 이동하는 거리는 끌어당긴 줄의 길이의 반밖에 되지 않으므로 움직 도르래를 사용할 때는 사용하지 않을 때보다 줄을 2배 더 많이 잡아당겨야 합니다.

■ 복합 도르래

고정 도르래와 움직 도르래를 혼합한 도르래로 힘의 방향을 바꾸면서 물체를 들어 올리는 힘의 크기도 줄이고 싶을 때 사용됩니다.

🧪 움직 도르래는 몇 개가 필요할까요?

움직 도르래는 물체 무게의 절반의 힘으로 물체를 들어 올릴 수 있습니다.

만약 100 kg 물체를 그냥 들어 올리는 데 100 kg의 힘이 필요하다고 할 때, 움직 도르래 1개를 이용하면 $100 \times \frac{1}{2} = 50$ (kg)의 힘으로 100 kg 물체를 들어 올릴 수 있습니다.

800 kg의 물체를 그냥 들어 올리려면 16명이 힘을 합쳐야 한다고 합니다. 16명이 들어 올릴 수 있는 무게가 모두 같을 때, 1명이 들어 올릴 수 있는 무게는 $800 \div 16 = 50$ (kg)입니다.

만약 800 kg인 이 물체를 1명이 들어 올리려면 움직 도르래 몇 개가 필요할까요? 움직 도르래로 800 kg의 물체를 들어 올리는 데 필요한 힘은 다음과 같습니다.

움직 도르래 1개를 이용하면 $800 \times \frac{1}{2} = 400$ (kg),

움직 도르래 2개를 이용하면 $800 \times \frac{1}{2} \times \frac{1}{2} = 200$ (kg),

움직 도르래 3개를 이용하면 $800 \times \frac{1}{2} \times \frac{1}{2} \times \frac{1}{2} = 100$ (kg),

움직 도르래 4개를 이용하면 $800 \times \frac{1}{2} \times \frac{1}{2} \times \frac{1}{2} \times \frac{1}{2} = 50$ (kg)

즉, 움직 도르래 4개만 있으면 1명이 16명의 힘을 낼 수 있는 것과 같습니다.

융합적으로 사고해 보기

 녹로는 무엇일까요?

녹로는 토목이나 건축 공사에서 고정 도르래를 이용해 돌이나 큰 나무와 같이 무거운 물건을 들어 올리는 데 쓰이던 건축 도구입니다. 각목으로 네모난 틀을 만들고 틀의 앞쪽에는 긴 지주 구실을 하는 두 개의 장대를 비스듬히 세운 다음, 장대 꼭대기에는 도르래를 달고 틀의 뒤쪽에는 얼레를 설치했습니다. 줄을 도르래와 얼레에 연결하고, 얼레의 반대쪽 줄에 들어 올릴 물건을 달아맨 뒤, 얼레를 돌려 줄을 감으면서 물건을 들어 올립니다. 수원 화성을 쌓을 때에는 거중기와 함께 두 개의 녹로를 사용했다고 합니다. 수원 화성 건축 일지인 「화성성역의궤(華城城役儀軌)」에 따르면 녹로의 틀의 크기는 세로 15척(약 450 cm), 높이 10척(약 300 cm)이고 장대의 길이가 35척(약 1060 cm)으로 여덟 사람이 둘로 나뉘어 얼레를 좌우에서 돌려 물건을 들어 올렸다고 합니다.

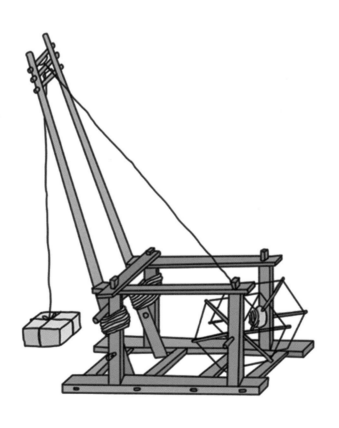

비판적 사고력을 기를 수 있는 STEAM 문제

예시답안 **137**쪽

Q 거중기와 녹로는 수원 화성을 쌓을 때 사용한 기계 장비입니다. 다음 사진을 보고 거중기와 녹로의 차이점을 서술하시오.

〈거중기〉

〈녹로〉

A

16 교통사고를 줄이기 위한
속도 제한

자동차를 타고 가다가 도로 위의 최고 속도 제한을 나타내는 표지판을 본 적이 있을 것입니다. 과속은 교통사고가 발생하는 많은 원인 중 하나입니다. 과속으로 인한 교통사고는 중상을 당하거나 심지어는 사망에 이르기까지 하므로 과속을 막기 위해 도로 곳곳에 최고 속도 제한을 나타내는 표지판을 설치해야 합니다. 이외에도 교통사고가 자주 발행하는 곳의 위험을 알리기 위한 표지판을 설치하거나 과속 단속 카메라를 설치해 과속을 막기도 합니다.

자동차들이 빠르게 달리는 고속도로에는 최고 속도 제한 표지판과 함께 최저 속도를 제한하는 표지판을 설치하기도 합니다. 빠르게 달리는 자동차들 사이에서 천천히 달리는 자동차가 있는 것도 위험하기 때문입니다.

다음 표는 세계 여러 나라들의 제한 속도 변경에 따른 사고 발생 변화를 연구한 결과를 정리한 것입니다.

국가	제한 속도 변경	사고 발생 변화
스웨덴	시속 110 km → 시속 90 km	사고 24% 감소
영국	시속 100 km → 시속 80 km	사고 14% 감소
스위스	시속 130 km → 시속 120 km	사고 12% 감소
미국	시속 89 km → 시속 105 km	사고 36% 증가

이 연구 결과를 살펴보면 제한 속도를 낮추면 사고 발생이 감소하는 것을 알 수 있습니다. 이런 이유로 세계 대부분의 나라가 과속을 하지 못하도록 하는 다양한 방법을 찾고 있습니다. 과속을 방지하는 데 효과적인 방법은 과속 단속 카메라를 설치하는 것입니다. 과속 단속 카메라를 통해 과속을 한 자동차를 단속할 수 있을 뿐만 아니라 과속을 예방하는 효과를 볼 수 있습니다.

과학적으로 탐구해 보기

 과속 단속 카메라는 어떻게 과속을 단속할까요?

가장 흔히 볼 수 있는 과속 단속 카메라는 속도 제한 표지판과 함께 도로 위에 매달려 있는 고정식 단속 카메라입니다. 고정식 단속 카메라는 자동차의 속도를 직접 측정하지 않고, 자동차가 센서 1과 센서 2를 지나는 시간을 측정합니다. 두 센서 사이의 거리와 지나가는 시간을 이용하면 자동차의 평균 속도를 계산할 수 있습니다. 만약 자동차가 제한 속도 이상으로 달린다면 카메라가 작동해 사진을 찍어 과속을 단속합니다.

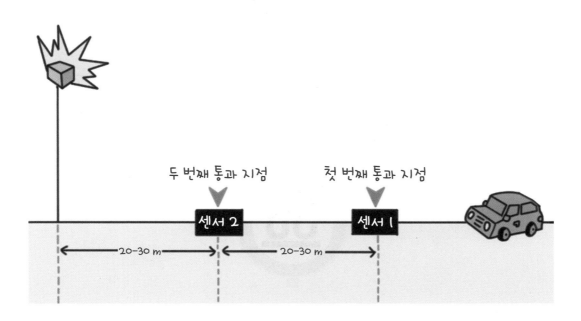

하지만 날씨, 응급상황, 기계 작동 상태 등의 여러 가지 요인들에 의해 제한 속도를 아주 조금 위반한 차량은 카메라에 찍히지 않는 경우도 있을 수 있습니다. 그러나 운전자는 과속 단속 카메라에 사진이 찍히지 않도록 그 순간만 천천히 운전하는 것이 아니라 항상 제한 속도를 지키며 안전 운전을 해야 합니다.

수학적으로 사고해 보기

 표지판이 의미하는 것은 무엇일까요?

다음과 같은 표지판이 있는 도로에서 자동차는 시속 몇 km까지 달릴 수 있을까요?

50이 쓰인 표지판은 자동차가 시속 50 km까지 달릴 수 있다는 의미입니다. 달릴 수 있는 속도에 시속 50 km가 포함되기 때문에 이 표지판은 '시속 50 km 이하로 달리시오.'라는 뜻이 됩니다.

위 표지판에는 30과 밑줄이 있습니다. 이렇게 밑줄이 있는 표지판은 최저 속도를 제한하는 표지판입니다. 즉, 최저 속도를 시속 30 km로 제한한다는 것으로, 이 표지판은 '시속 30 km 이상으로 달리시오.'라는 뜻이 됩니다.
만약 이 표지판이 있는 도로에서 시속 30 km로 달리는 것은 속도를 위반한 것일까요? 아닙니다. 시속 30 km 이상에는 시속 30 km가 포함되므로 속도를 위반한 것이 아닙니다.

융합적으로 사고해 보기

🧪 과속 운전 꼼짝 마!

경찰청에서는 지난 2021년 12월부터 2022년 2월까지 약 3개월간 '차량 탑재형 교통단속 장비'를 시범 운영한 결과, 과속한 차량을 1200여 건을 적발했다고 발표했습니다. 그동안 고속도로에 설치된 고정식 단속 카메라를 통해 과속 차량을 단속했으나, 운전자들이 카메라 앞에서만 속도를 줄이고 카메라를 통과한 후 다시 과속을 하는 것이 문제점으로 지적됐습니다. 따라서 주행 중에 과속 단속이 가능한 탑재형 장비를 개발해 암행 순찰차 17대에 설치하고, 제한 속도를 시속 40 km 초과하는 차량을 집중적으로 단속했습니다. 그 결과 시범 운영 기간에 전체 고속도로에서 과속으로 인한 교통사고가 약 76% 줄어드는 등 과속 사고 감소에 큰 효과가 있는 것으로 나타났습니다. 2022년 3월부터는 과속이 자주 발생하는 도로를 중심으로 암행 순찰차를 집중적으로 투입해 과속을 단속하거나, 고속도로 내 암행 순찰차에 차량 탑재형 교통 단속 장비를 확대 설치해 과속을 단속합니다.

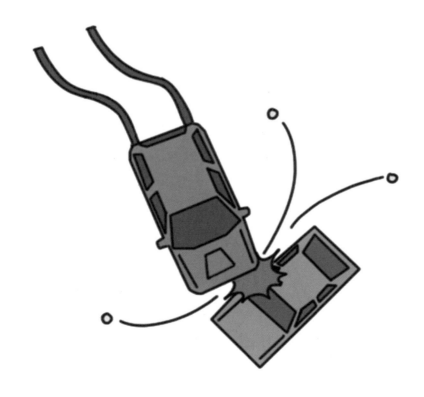

비판적 사고력을 기를 수 있는 STEAM 문제

예시답안 **137**쪽

Q 교통사고를 줄이기 위해 제한 속도를 낮추는 방법 이외에 과속을 줄일 수 있는 방법을 5가지 서술하시오.

A

17

바보상자에서 똑똑한 친구가 된

텔레비전

텔레비전(Television)은 전파 신호를 받아 영상을 보여주는 장치입니다. 그리스어로 '멀리'를 뜻하는 'tele'와 라틴어로 '본다'를 뜻하는 'vision'이 합쳐져 텔레비전이라는 이름이 붙여졌으며, 줄여서 'TV'라고 부릅니다. 지금은 어디서나 텔레비전을 쉽게 찾아볼 수 있지만, 약 100년 전까지만 하더라도 상상조차 하기 힘든 물건이었습니다. 1925년 영국에서 세계 최초로 기계식 텔레비전이 개발됐으며, 1929년 영국의 BBC에서 텔레비전을 위한 시험 방송을 시작함으로써 텔레비전의 시대가 열렸습니다. 이후 1936년 전자식 텔레비전 방송이 시작됐고, 1950년대 이후에 컬러텔레비전이 개발됐습니다. 최근에는 화면이 입체적으로 보이는 3D TV, 인터넷에 접속 가능한 스마트 TV까지 등장해 우리 생활을 편리하게 만들어주고 있습니다.

〈스마트 TV〉

 LED TV란 무엇일까요?

다음은 텔레비전 광고의 일부입니다.
화면의 중앙에 'LED TV'라는 내용을 확인할 수 있습니다.

텔레비전에서 화면이 보이기 위해서는 텔레비전 안쪽에 빛이 있어야 합니다. 안쪽에서 빛이 나는 부분을 백라이트라고 하는데, 이 부분에 LED를 사용해 빛을 내는 텔레비전을 LED TV라고 합니다.

〈LED TV의 원리〉

LED는 발광 다이오드라고도 하며, 전기가 흐르면 빛을 내는 반도체입니다. 일반 전구에 비해 수명이 길고, 작게 만들 수 있어 얇은 텔레비전을 만드는 데 적당합니다. LED는 텔레비전뿐만 아니라 컴퓨터 모니터, 휴대전화, 전등, 간판, 신호등 등 다양한 곳에 사용되고 있습니다.

🧪 **텔레비전 화면의 크기는 어떻게 나타낼까요?**

직사각형 모양의 크기를 나타낼 때는 주로 가로와 세로의 길이를 함께 나타냅니다. 하지만 텔레비전 화면의 크기는 대각선의 길이로 나타내며, 단위는 주로 인치를 사용합니다. 1인치는 $2.54 \, \text{cm}$로, 32인치 텔레비전 화면의 대각선의 길이는 $32 \times 2.54 = 81.28 \, (\text{cm})$ 입니다.

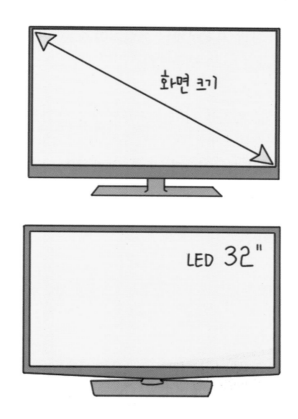

텔레비전 화면의 크기를 대각선의 길이로 나타내는 이유는 텔레비전 화면의 가로와 세로의 길이 비율이 일정하게 정해져 있어 대각선의 길이만 알아도 그 크기를 쉽게 가늠할 수 있기 때문이라고 합니다.

융합적으로 사고해 보기

 텔레비전 화면의 크기는 왜 인치를 사용할까요?

우리나라에서는 2007년 계량에 관한 법률을 개정하면서 비법정계량단위의 사용을 금지하고 있습니다. 이런 이유로 길이와 넓이를 나타내는 단위는 cm, m, ㎡ 등을 사용합니다. 하지만 아직까지도 텔레비전이나 모니터 등의 화면의 크기는 주로 인치 단위를 사용하고 있습니다. 텔레비전 제조사는 단위로 인치를 직접 쓰는 대신 '형'이라는 표현을 사용하기도 합니다. 예를 들어 32인치를 약 81 cm로 나타내지 않고 32형이라고 표현하는 것입니다. 32형이라는 표현은 인치를 직접 사용하지는 않았지만 32인치라는 뜻을 가지고 있으므로 인치 단위를 사용하는 것이라고 할 수 있습니다.

텔레비전 제조사는 인치 또는 인치를 나타내는 형이라는 표현을 왜 사용할까요? 그 이유는 인치 단위에 익숙한 소비자들에게 갑자기 cm 단위로 텔레비전 화면의 크기를 나타내면 크기에 대한 가늠을 할 수 없기 때문입니다. 또한, 세계 최대의 가전제품 소비 시장인 미국이 여전히 인치 단위를 사용하고 있기 때문에 표준 제품을 인치 단위로 만드는 게 편리하다고 판단해 인치 단위를 사용합니다.

비판적 사고력을 기를 수 있는 STEAM 문제

예시답안 **138**쪽

 우리나라는 길이 단위를 'cm'나 'm'와 같은 미터법을 사용하기로 했습니다. 하지만 텔레비전 화면의 크기를 나타내는 단위는 전 세계적으로 '인치'를 사용하고 있습니다. 텔레비전 화면의 크기를 나타내는 단위로 어떤 것을 사용하는 것이 좋은지 그 이유와 함께 서술하시오. (새로운 단위를 제안해도 좋습니다.)

A

감염병의 원인이
바이러스라고?

지난 2019년 11월, 중국 우한에서 처음 발생한 이후 전 세계로 확산된 전염병이 있습니다. 급성 바이러스성 호흡기 질환인 '코로나바이러스감염증-19'가 바로 그것입니다. 우리나라에서는 코로나19로 줄여서 표현합니다. 코로나19에 감염되면 발열, 기침, 인후통, 호흡 곤란과 같은 호흡기 증상과 후각이나 미각이 손실되는 등 다양한 증상들이 나타납니다. 건강한 성인들은 증상이 가볍게 나타나거나 시간이 지나면 차츰 회복이 되지만, 매우 쉽게 다른 사람에게 전염되며 심할 경우 사망에 이를 수 있어 위험합니다. 또한, 코로나19는 델타, 오미크론, 스텔스 오미크론 등 강력한 변이들이 나타났는데, 변이 바이러스는 생성될 때마다 전염력이나 증상들이 더 다양해지고 있습니다. 따라서 코로나19는 21세기 이후 발생한 최악의 전염병 중 하나로 꼽힙니다.

 바이러스란 무엇일까요?

코로나19를 일으키는 원인은 바이러스입니다. 바이러스란 일반 현미경으로도 관찰하기 어려울 만큼 아주 작은 크기의 감염성 입자입니다.

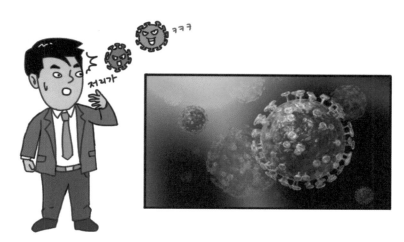

〈코로나 바이러스〉

바이러스는 막대나 공 모양의 아주 단순한 형태로 다른 생물에 기생하면서 자신과 똑같은 자손을 복제합니다. 자손을 번식한다고 하니 바이러스를 세균과 같은 매우 작은 생물이라고 생각할 수 있습니다. 하지만 바이러스는 생물과 다른 점이 있습니다. 생물은 스스로 먹이를 섭취하고 소화 과정을 통해 얻은 에너지를 이용해 생활하지만, 바이러스는 먹이를 먹어 에너지를 얻지 못합니다. 또한, 스스로 자라지 못하고 사람이나 동물, 식물 등과 같은 다른 생물에 들어가야 살아갈 수 있습니다. 바이러스가 이렇게 다른 생물의 몸에 들어가 증식하는 과정에서 해당 생물의 세포를 파괴해 병을 일으킵니다. 바이러스에 의해 병이 발생했을 때 감염됐다고 말합니다.

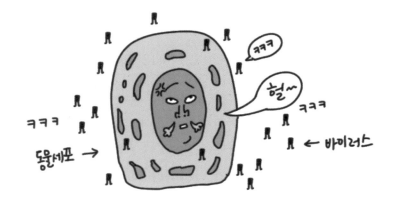

 우리나라의 코로나19 통계 자료를 살펴볼까요?

다음은 2022년 3월 우리나라의 코로나19 관련 통계 자료입니다.

■ 확진 현황 (2022.3.23. 기준)

(단위: 명)

구분	3.17.	3.18.	3.19.	3.20.	3.21.	3.22.	3.23.	주간 일평균
일일	621205	406896	381421	334665	209145	353968	490881	339740
인구 10만 명당	1202.9	787.9	738.6	648.1	405	685.5	950.6	774.1

■ 확진자 연령별 현황 (2022.3.23. 기준)

구분	확진자(명)	사망자(명)	치명률(%)
80세 이상	265615(2.55%)	7556(56.25%)	2.84
70~79세	435017(4.17%)	3286(24.46%)	0.76
60~69세	998845(9.58%)	1728(12.86%)	0.17
50~59세	1245892(11.95%)	574(4.27%)	0.05
40~49세	1610805(15.45%)	177(1.32%)	0.01
30~39세	1544430(14.81%)	70(0.52%)	0.00
20~29세	1585347(15.20%)	31(0.23%)	0.00
10~19세	1428126(13.70%)	2(0.01%)	0.00
0~9세	1313170(12.59%)	8(0.06%)	0.00

치명률이란 어떤 병에 걸린 환자에 대한 그 병으로 죽는 환자의 비율을 백분율로 나타낸 것입니다. 통계는 조사 대상의 수가 많을수록 더 정확한 결과를 얻을 수 있습니다. 이런 의미에서 전 세계에서 발생한 코로나19 환자를 대상으로 치명률을 구하는 것이 더 정확할 수도 있습니다. 하지만 각 나라마다 의료 시설이나 의료 수준, 대응 방법 등이 다르므로 우리나라만의 자료를 가지고 치명률을 계산하는 것이 적절하다고 할 수 있습니다.

융합적으로 사고해 보기

 팬데믹(pandemic)이란 무엇일까요?

코로나19는 팬데믹을 불러왔습니다. 팬데믹이란 그리스어로 모두를 뜻하는 '팬(pan)'과 사람을 뜻하는 '데믹(demic)'이 합쳐진 말로, 세계적으로 전염병이 대유행하는 상태를 의미하는 말입니다. 우리나라에서는 '감염병 세계적 유행'이라고 말하기도 합니다.

교통의 발달은 전염병이 세계적으로 유행하는 데 큰 역할을 했습니다. 의학계에 따르면 20세기 이후 10~40년의 주기를 가지고 팬데믹이 발생한다고 합니다. 20세기 이후 발생한 최초의 팬데믹은 제1차 세계 대전이 끝난 1918년에 유행한 스페인 독감입니다. 당시 전 세계 인구의 20%가 스페인 독감에 감염되어 약 2000~5000만 명의 사망자가 발생했습니다. 이로부터 40년 뒤인 1957년에는 아시아 독감으로 약 100만 명이, 또 10년 후인 1968년에는 홍콩 독감으로 약 80만 명이 사망하는 팬데믹이 발생했습니다. 그 후 2009년에 발생한 신종플루와 2019년에 발생한 코로나19도 팬데믹으로 선언되었습니다. 특히, 코로나19는 발병한 지 2년이 지난 2022년 3월 초까지 약 4.5억 명 이상의 확진자와 600만 명이 넘는 사망자가 보고됐으며, 변이 바이러스의 등장과 무증상 감염이 증가해 어떻게 될지 예측하기 어려운 상황입니다. 코로나19는 팬데믹을 넘어 지구상에서 영원히 사라지지 않고 주기적으로 발병하는 엔데믹(endemic)이 될 것이라고 전망되고 있습니다.

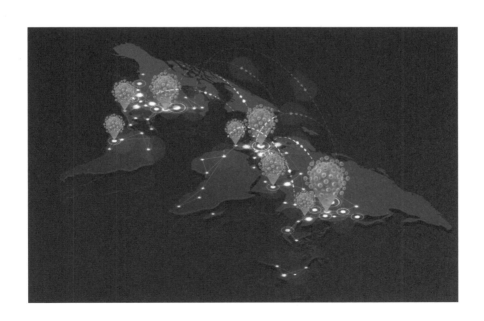

 코로나 감염자 수가 빠르게 증가하는 이유와 감염병을 예방할 수 있는 방법을 각각 서술하시오.

뉴허라이즌스의
명왕성 탐사

2015년 7월 14일 한국 시간으로 오후 8시 49분 57초, 무인 탐사선 뉴허라이즌스가 명왕성에 1만 2500 km 거리까지 접근했습니다. 뉴허라이즌스는 2006년 1월 19일 명왕성 탐사를 위해 미국에서 발사된 탐사선으로 지구를 떠난 지 약 9년 6개월 만에 56억 7천만 km 거리의 우주 공간을 비행해 명왕성 근접 거리에 도착했습니다. 이 탐사선은 소형 승용차 정도의 크기로, 지름이 20.1 m인 접시 안테나에 폭 0.76 m의 본체가 연결된 모양입니다. 탐사 비행 중 전력을 아끼기 위해 동면 상태로 들어가 약 9년간 통신 기능을 거의 사용하지 않았으며, 2014년 12월 동면 상태에서 깨어난 뒤 2015년 1월부터 본격적으로 명왕성을 탐사해 그 결과를 지구로 보냈습니다.

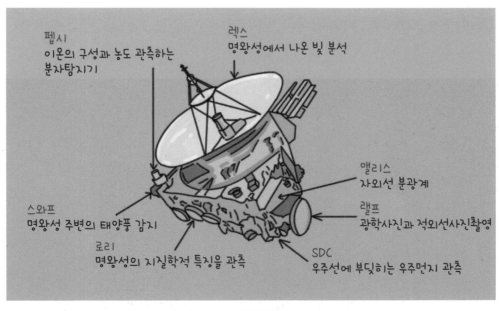

〈뉴허라이즌스〉

 뉴허라이즌스의 비행 속도는 어느 정도일까요?

지구에서 명왕성까지의 거리는 약 48억 km로 빛의 속도로 가더라도 4시간 30분이 걸린다고 합니다. 즉, 지구와 뉴허라이즌스가 교신하는 데 9시간 정도가 걸립니다. 이 거리를 뉴허라이즌스는 얼마나 빠르게 이동했을까요? 뉴허라이즌스가 비행한 기간인 9년 6개월과 지구에서부터 명왕성까지의 거리를 이용해 대략적으로 추측할 수 있습니다.

1년은 365일이며 하루는 24시간입니다.
따라서 1년은 365×24＝8760 (시간)입니다.
9년 6개월은 9.5년이므로 8760×9.5＝83220 (시간)입니다.
1시간은 60분이고, 1분은 60초이므로
9년 6개월은 83220×60＝4993200 (분), 4993200×60＝299592000 (초)입니다.
지구에서 명왕성까지의 거리는 약 48억 km＝4800000000 km이고
물체의 빠르기는 거리를 시간으로 나누어 구할 수 있으므로
4800000000÷299592000＝초속 16.02 km입니다.

계산 결과는 뉴허라이즌스는 1초에 약 16 km를 이동할 수 있다고 나옵니다. 실제로 뉴허라이즌스가 발사될 때 탈출 속도는 초속 16.26 km였으며, 명왕성의 근접 거리에 도착했을 때 비행 속도는 초속 약 14 km였다고 합니다.

과학적으로 탐구해 보기

 명왕성에 대해 알아볼까요?

현재 명왕성의 공식 명칭은 '134340 플루토'입니다. 1930년 미국 천문학자 클라이드 톰보가 발견한 천체로 처음에는 태양계의 아홉 번째 행성으로 분류되었으나, 2006년 8월 국제천문연맹(IAU)이 행성에 대한 기준을 바꾸면서 행성의 지위를 잃고 왜소행성으로 분류됐습니다. 이후 명왕성은 소행성 목록에 포함돼 134340이라는 번호를 받아 공식 명칭이 바뀌게 됐습니다.

뉴허라이즌스가 보내온 자료를 통해 명왕성의 크기가 파악됐습니다. 명왕성의 지름은 2370 km로 지구 지름의 18.5%의 크기이며, 명왕성의 위성인 카론의 지름은 1208 km로 지구 지름의 9.5%입니다. 이전까지는 명왕성을 이루는 대기 성분으로 인해 크기를 정확하게 추정하기 어려웠지만, 고성능 카메라로 촬영된 사진을 통해 이전에 나온 추정치보다 더 크다는 사실을 확인할 수 있었습니다. 이를 통해 명왕성의 밀도가 과거의 예측치보다 낮고, 내부에 얼음 부분이 더 많다는 것을 알게 됐습니다. 또한, 명왕성의 북극은 메탄과 질소, 얼음으로 이뤄져 있었고, 질소는 예상보다 많은 것으로 확인됐습니다. 메탄은 탄소와 수소가 결합된 기체로 생명체의 필수 성분입니다.

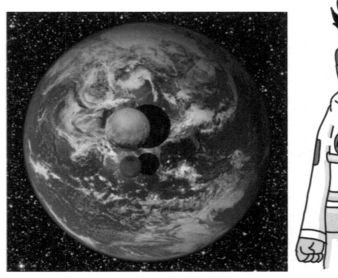

〈지구와 명왕성, 카론의 크기를 비교한 모습(NASA)〉

융합적으로 사고해 보기

 명왕성, 2006년 태양계 행성에서 퇴출되다?

2006년은 뉴허라이즌스가 인류 최초로 가장 가깝게 명왕성에 접근한 해이기도 하면서 명왕성이 태양계 행성의 지위를 잃은 해이기도 합니다. 국제천문연맹(IAU)은 제26차 총회에서 행성 분류법을 바꾸고 명왕성을 왜소행성으로 분류했습니다. 왜소행성이란 행성 같아 보이지만 행성보다 작은 천체를 뜻하는 것으로, 명왕성이 행성에서 퇴출되면서부터 비슷한 소행성들을 왜소행성으로 분류하기 시작했습니다. 천체가 왜소행성으로 분류되기 위해서는 다음과 같은 조건을 모두 만족해야 합니다.

〈왜소행성의 조건〉

1. 위성이 아니다.
2. 태양을 중심으로 공전하고 있어야 한다.
3. 자체 중력에 의해 거의 구형을 유지하기에 충분한 질량을 가지고 있어야 한다.
4. 그러나 공전 궤도를 독점할 정도로 질량이 크지는 못하다.

지금까지 왜소행성으로 확인된 천체는 세레스, 명왕성, 하우메아, 마케마케, 에리스로 5개입니다.

〈왜소행성〉

예시답안 **139**쪽

Q 태양과 같이 스스로 빛을 내는 별을 항성이라고 합니다. 반면, 수성, 금성, 지구, 화성, 목성, 토성, 천왕성, 해왕성과 같이 항성 주위를 돌며 스스로 빛을 내지 못하는 별을 행성이라고 합니다. 현재 명왕성은 태양계의 행성이 아닙니다. 태양계 행성의 특징을 바탕으로 행성이 되기 위한 조건을 3가지 서술하시오.

A

20

야구 속에 숨어 있는
과학과 수학

야구 경기의 꽃은 무엇일까요?

그것은 바로 시원하게 뻗어 나간 공이 담장을 넘어가는 홈런입니다. 불리하던 경기가 홈런 한 방으로 뒤집힌다면 관중들의 함성이 야구장을 뒤흔들 것입니다.

이러한 야구 경기에서도 다양한 과학적 · 수학적 원리를 찾아볼 수 있습니다. 투수들이 던지는 변화구나 야구의 꽃인 홈런이 나오기까지의 과정을 과학과 수학을 통해 살펴봅시다.

과학적으로 탐구해 보기

 변화구에는 어떤 과학적 원리가 숨어 있을까요?

야구 경기에서 투수는 타자가 쉽게 칠 수 없는 공을 던지기 위해 많은 노력을 합니다. 매우 빠른 강속구를 던질 때도 있고, 날아오는 공의 진행 방향이 예상하지 못한 방향으로 갑자기 변하는 변화구를 던져 타자를 속이기도 합니다.

날아오는 야구공의 방향이 변하는 이유는 마그누스 효과로 설명할 수 있습니다. 마그누스 효과란 물체가 회전하면서 기체나 액체 속을 지나갈 때 압력이 높은 쪽에서 낮은 쪽으로 휘어지면서 나가는 현상을 말합니다. 물체가 회전하는 정도와 방향에 따라 휘어지는 정도가 달라지는 것을 이용해 변화구를 던질 수 있는 것입니다. 공의 회전축과 같은 방향의 공기는 속도가 빨라지고, 반대쪽 공기는 속도가 느려집니다. 공기가 빠르게 흐를수록 압력이 낮아지며, 압력이 높은 쪽에서 낮은 쪽으로 공을 밀어내기 때문에 양력이 발생해 공이 휘어지게 되는 것입니다. 이때 공이 받는 힘을 '마그누스 힘'이라고 합니다.

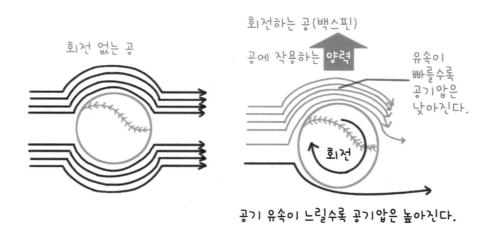

〈마그누스 효과〉

마그누스 힘은 공기가 많을수록 커지기 때문에 고도가 높아 상대적으로 공기가 적은 야구장에서는 변화구가 잘 던져지지 않는다고 알려져 있습니다.

🧪 타자가 홈런을 치기 위해서는 어떤 조건이 필요할까요?

투수와 타자 사이의 거리는 약 18.44 m입니다. 투수가 142 g 남짓한 야구공을 시속 150 km로 던졌을 때 타자 앞까지 도달하는 데 걸리는 시간은 0.44초입니다. 타자가 방망이를 휘두르는 데 걸리는 시간이 0.25초이므로 타자가 공을 '칠 것인가? 말 것인가?'를 결정해야 하는 시간은 0.44−0.25=0.19, 즉 고작 0.19초입니다. 0.19초의 순간적 판단에 공을 치기로 결정한 후에는 날아오는 야구공을 방망이의 위쪽 끝에서 약 17.13 cm 지점에 정확하게 맞혀야 합니다. 이 지점은 공을 칠 때 많은 힘을 들이지 않고 원하는 방향으로 멀리 날아가게 하는 최적의 지점으로, 스위트 스폿이라고 불립니다. 또한, 휘두른 방망이의 운동에너지를 야구공에 최대한 많이 전달하기 위해 방망이를 시속 122 km 이상으로 휘둘러야 하고, 야구공의 중심에서 약 7 mm 아랫부분을 맞춰야 비로소 홈런이 완성됩니다.

〈홈런의 조건〉

융합적으로 사고해 보기

 야구공에는 어떤 비밀이 숨겨져 있을까요?

야구공의 무게는 141.7~148.8 g, 둘레는 22.9~23.5 cm로 정해져 있습니다. 야구공을 만들 때는 코르크심 위에 고무를 씌운 후 굵은 실, 중간 굵기의 실, 가는 실 순으로 감아 둥근 모양을 만들고, 그 위에 가죽으로 감쌉니다. 공을 감싸는 가죽이 두 장이기 때문에 빨간색 실로 꿰매는데, 이때 108개 실밥이 표면에 드러나게 만듭니다. 이것은 야구공 제조사마다 다르므로 조금씩 다른 특성이 나타날 수 있습니다. 공이 튀어 나가는 정도가 크면 홈런이 많이 나오고, 작으면 공을 쳤을 때 멀리까지 나가지 않습니다. 따라서 공식 경기에서는 공인구를 사용합니다. 또한, 경기 중에 야구공에 흠이 생기면 공을 교체하는 모습을 볼 수 있습니다. 이것은 공에 생긴 흠으로 인해 공의 빠르기나 변화가 달라질 수 있어 공을 던지는 투수나 공을 쳐서 멀리까지 보내야 하는 타자 모두에게 불리하기 때문입니다.

야구공에 담긴 과학적인 비밀 중 하나는 바로 야구공 표면에 있는 실밥에 있다고 합니다. 실밥이 야구공에 어떤 영향을 줄지 예상해 서술하시오.

이 드레스의 색은
무슨 색인가요?

한때 인터넷에서 드레스 사진 한 장이 급속도로 퍼지면서 논란이 된 적이 있습니다. 이른바 '드레스 색깔 논쟁'이라고도 불리는 사건입니다. 전 세계 네티즌들은 사진을 보고 '흰 바탕에 금빛 줄무늬'라는 의견과 '파란 바탕에 검은 줄무늬'라는 의견으로 나뉘었습니다.

색깔 논쟁은 급속도로 전 세계로 퍼지면서 온라인 투표도 진행됐습니다. 투표에서는 흰색과 금색이 73%, 파란색과 검은색이 27%로 답변한 결과를 얻을 수 있었습니다.

과학적으로 탐구해 보기

🧪 **똑같은 사진의 드레스가 왜 사람마다 다른 색깔로 보이는 걸까요?**

우리가 물체를 볼 수 있는 것은 가시광선이라는 빛 때문입니다. 가시광선이란 사람의 눈이 감지할 수 있는 빛의 범위를 말합니다.

빨간색 사과가 빨간색으로 보이는 것은 사과에서 반사된 빨간색 빛이 우리 눈에 들어오기 때문입니다. 이처럼 사과를 빨간색으로 인식하는 것을 '지각색'이라고 합니다. 똑같은 사과를 햇빛이 강한 곳과 그늘진 곳에서 보면 다른 색깔로 보입니다. 이처럼 빛의 세기나 양에 따라 색이 다르게 보이는 현상을 '색채 현시'라고 합니다. 그러나 우리는 햇빛이 강한 곳의 사과와 그늘에서 본 사과의 색깔이 변했다고 인식하지 않습니다. 이렇게 환경이 변하더라도 색이 변했다고 인식하지 않는 것은 우리 뇌가 정보를 처리하는 과정에서 자연 보정을 하기 때문입니다. 우리 뇌에서 일어나는 자연 보정 현상을 '색채 항상성'이라고 합니다. 자주 보던 물체라면 색채 항상성 때문에 색을 쉽게 알아낼 수 있지만, 처음 보는 물체는 색을 쉽게 알아내기 어렵습니다. 이때 사람들은 자신의 경험을 바탕으로 색깔을 판단하는데 이를 '기억색'이라고 합니다. 사람마다 경험이 다르기 때문에 같은 물체라도 서로 다른 색으로 인식할 수 있습니다.

이런 이유로 같은 사진의 드레스가 다른 색으로 보이는 착시 현상이 나타나는 것입니다.

 수학에서도 착시 현상을 찾아볼 수 있나요?

시각적인 착각 현상을 착시라고 합니다. 시각의 자극을 인지하는 과정에서 주변의 다른 정보에 영향을 받아 원래와는 다른 착각이 발생하는 것입니다. 선이나 면 등을 이용한 기하학적 착시 현상이 수학에서 찾아볼 수 있는 착시 현상입니다.

각 그림을 이루는 두 직선 중 어떤 직선이 더 길어 보이나요?

(가)와 (나)에서는 (나)가 조금 더 길어 보이지만, 실제로 두 직선의 길이는 같습니다. 직선 옆에 있는 〉과 〈 모양 때문에 (나)가 더 길어 보이는 '길이에 의한 착시 현상'입니다.
수평과 수직으로 놓인 (다)와 (라)에서는 (다)가 더 길어 보이지만 두 직선의 길이는 같습니다. 같은 길이의 직선을 수평과 수직으로 놓으면 수직으로 놓은 선이 더 길어 보이는 '수평과 수직에 의한 착시 현상'입니다.

A와 B 중 어떤 원이 더 커 보이나요?

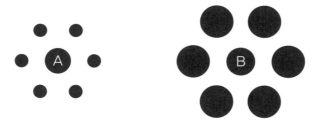

주변에 작은 원이 있는 A가 B보다 더 커 보이지만, 두 원의 크기는 같습니다. 주변에 있는 원의 크기에 영향을 받아 다르게 보이는 '대비에 의한 착시 현상'입니다.

 400년 만에 밝혀진 갈릴레이 착시 현상!

이탈리아의 천문학자 갈릴레이는 금성과 목성을 관측하던 중 이상한 점을 발견했습니다. 망원경을 통해 관측하면 목성이 금성보다 크게 보이지만, 실제 맨눈으로 볼 때는 금성이 목성보다 더 커 보인다는 것이었습니다. 실제 태양계에서 가장 큰 행성인 목성보다 금성이 더 커 보이는 현상은 지난 400년 동안 그 정확한 원인을 알 수 없어 갈릴레이 착시 현상 또는 갈릴레이 미스터리라고 불렸습니다.

 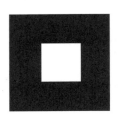

위의 두 그림에서 가운데 있는 작은 사각형은 모두 같은 크기이지만, 검은색 배경 속의 흰색 사각형이 더 커 보입니다. 이와 같은 착시 현상이 발생하는 이유는 사람의 뇌가 빛과 어둠에 대해 서로 다르게 반응하기 때문입니다. 빛에 반응하는 신경세포가 어둠에 반응하는 신경세포보다 물체의 상을 왜곡시키기 때문에 검은색 배경에 있는 밝은 물체가 더 크게 보인다는 것입니다. 이러한 현상은 어두운 곳에서는 미세한 빛도 볼 수 있게 해 주고, 밝은 곳에서는 어두운 물체가 왜곡되지 않기 때문에 더 잘 볼 수 있게 해 주므로 우리에게 매우 유리하게 작용합니다. 또한, 금성이 목성보다 더 크게 보이는 이유도 설명할 수 있습니다. 실제로 금성은 우리 눈으로 봤을 때 가장 밝게 보이는 행성입니다. 똑같이 어두운 밤하늘에서라면 금성이 목성보다 밝아 더 크게 보이는 착시 현상이 나타나는 것입니다.

비판적 사고력을 기를 수 있는 STEAM 문제

예시답안 **140**쪽

Q 다음 사진 속 자동차 세 대의 크기를 비교해 보고, 이 사진에서 착시 현상이 일어났다면 그 이유는 무엇인지 서술하시오.

A

머피의 법칙은 착각일까요?

일이 잘 풀리지 않고 점점 꼬여가는 경우를 '머피의 법칙'이라고 합니다. 잼을 바른 식빵을 떨어뜨리면 그 식빵은 항상 잼을 바른 쪽이 바닥으로 떨어진다는 것 등이 이러한 경우입니다. 머피의 법칙은 미공군 엔지니어였던 머피가 처음 사용한 말입니다. 그는 진행하던 실험이 계속해서 좋은 결과가 나오지 않자 그 원인을 찾아보았습니다. 그 원인은 자신이 설계한 장치의 전선이 모두 반대로 연결돼 있는 것이었습니다. 이후 그는 '어떤 일을 하는 방법은 여러 가지가 있고, 그중 하나가 문제를 일으킬 수 있다면 누군가는 꼭 그 방법을 사용한다.'라고 말했습니다. 그는 안 좋은 일을 미리 대비하라는 뜻으로 이 말을 했지만, 언젠가부터 의미가 바뀌어 '세상 일이 대부분 안 좋은 쪽으로 일어나는 경향이 있다.', '운이 나쁘다.' 등의 뜻으로 주로 사용되고 있습니다.

 잼을 바른 쪽으로 떨어지는 이유는 무엇일까요?

잼을 바른 식빵이 잼을 바른 쪽으로 떨어지는 데 영향을 주는 요인은 다음과 같습니다.

---

① 식빵의 크기

② 식탁의 높이

③ 식빵을 잡아당기는 중력

④ 처음 위치에서 떨어지는 각도

식빵이 바닥으로 떨어질 때 수평으로 떨어지는 것은 거의 불가능합니다. 보통 어느 한쪽으로 기울어진 채로 떨어지기 때문에 회전하면서 떨어집니다. 식빵의 크기와 초기 위치에서 떨어지는 각도가 식빵의 회전 운동을 결정합니다. 식탁은 보통 사람의 앉은키에 맞춰서 만들므로 그 높이는 약 1 m 정도입니다. 식빵을 잡아당기는 중력과 식탁의 높이는 떨어지는 데 걸리는 시간에 영향을 줍니다. 또한, 중력은 식빵을 회전시키는 힘에도 영향을 줍니다. 보통 식탁 위에서 떨어진 식빵이 바닥에 닿을 때까지 몇 바퀴 회전할까요? 중력과 식탁의 높이를 고려해 계산해 보면, 대략 반 바퀴 돌고 바닥에 닿는다고 합니다. 즉, 잼을 바른 식빵은 약 반 바퀴를 회전하면서 떨어지기 때문에 잼을 바른 쪽이 바닥에 닿는 것입니다.

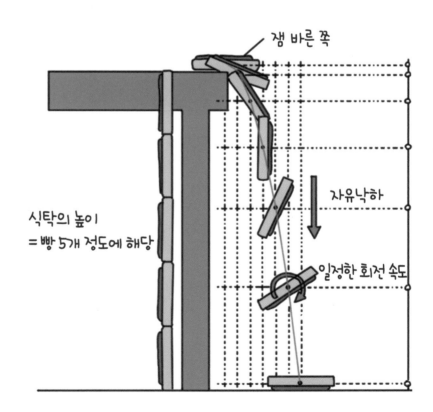

수학적으로 사고해 보기

 수학적 확률? 경험적 확률?

1991년 영국 BBC 방송에서는 '잼을 바른 식빵'에 관한 머피의 법칙이 잘못됐다는 사실을 증명하기 위한 실험을 했습니다. 사람들이 잼을 바른 300개의 식빵을 던진 결과 잼을 바르지 않은 쪽으로 떨어진 것은 148번, 잼을 바른 쪽으로 떨어진 것은 152번의 결과가 나와 거의 반반의 확률로 바닥으로 떨어진다고 했습니다. 하지만 이 실험에는 문제가 있습니다. 보통 잼을 바른 식빵을 일부러 던지는 경우는 없기 때문입니다.

1995년 영국의 수학자이자 과학자인 로버트 매튜는 잼을 바른 식빵에 관한 머피의 법칙을 수학적으로 증명하기 위해 식탁 위에서 빵을 떨어뜨리는 실험을 9821번 했습니다. 그 결과 6101번 잼을 바른 쪽이 바닥으로 떨어졌습니다. 식빵을 떨어뜨렸을 때 잼을 바른 쪽으로 떨어지거나 바르지 않은 쪽으로 떨어지는 두 가지의 경우가 있으므로, 잼을 바른 쪽으로 떨어질 확률을 $\frac{1}{2} \times 100 = 50$ (%)로 구할 수 있습니다. 그러나 실험 결과, 잼을 바른 쪽이 바닥으로 떨어질 확률은 $\frac{6101}{9821} \times 100 =$ 약 62.1 (%)로 우연에 의한 확률 50%보다 크게 나왔습니다. 매튜의 실험처럼 이론적으로 예측한 것이 아니라 상당히 많은 횟수를 시행해서 얻은 확률값을 경험적 확률이라고 합니다.

$$경험적 \ 확률 = \frac{어떤 \ 사건이 \ 발생한 \ 횟수}{전체 \ 사건의 \ 횟수}$$

식빵을 떨어뜨렸을 때 잼을 바른 쪽으로 떨어지는 것은 나쁜 운이 작용한 것이 아니라 수학적으로 일어날 가능성이 더 큰 일이 발생한 것으로 생각할 수 있습니다.

융합적으로 사고해 보기

 머피의 법칙의 원인은 무엇일까요?

머피의 법칙은 그냥 운이 나쁜 현상으로 생각하기보다는 심리적이거나 통계적으로 또는 과학적으로 설명할 수 있는 것들이 더 많습니다. 머피의 법칙이 잘 맞는 이유는 무엇 때문일까요?

첫째, 너무 서두르고 긴장하다 보니 실수를 해서 실제로 일이 잘못될 확률이 높아지는 것입니다. 예를 들어 중요한 일을 앞두고 물을 마시다가 옷에 물을 쏟거나 하는 것이 이와 같은 경우입니다.

둘째, 선택적 기억 때문에 실제 발생할 가능성이 50%인데도, 잘못될 가능성이 높게 인식되는 경우입니다. 사람들은 일이 잘 된 경우의 좋은 기억은 금방 잊어버리지만, 일이 잘못된 경우의 안 좋은 기억은 오래 남기 때문에 잘못될 가능성이 높다고 생각하는 것입니다.

셋째, 실제 확률은 50%가 아닌데 사람들이 반반의 확률로 착각하는 경우가 있습니다. 이것 역시 나쁜 기억만 떠올리고, 좋지 않을 가능성을 주로 생각하기 때문에 생기는 현상입니다.

안 좋은 일이 발생했을 때 불행을 떠올리며 머피의 법칙이라고 생각하기보다 생활 속에서 사소한 사건이라도 조심하는 습관을 기른다면 큰 사고와 실수를 막을 수 있을 것입니다.

비판적 사고력을 기를 수 있는 STEAM 문제

예시답안 **141**쪽

Q 마트에는 여러 개의 계산대가 있습니다. 계산하기 위해 줄을 설 곳을 선택할 때, 줄이 가장 빨리 줄어들 것 같은 곳을 고릅니다. 그런데 항상 내가 선 곳의 줄이 가장 늦게 줄어드는 것 같습니다. 또, 막히는 길을 이동할 때에는 내가 가는 차선만 자동차들이 천천히 움직이는 것 같습니다. 그 이유를 서술하시오.

A

클린 디젤은 없다고?

2015년 자동차 회사가 디젤 승용차의 배출 가스량을 조작해 온 사실이 밝혀졌습니다. 실험실에서 실험한 결과 배출 가스량이 법으로 정한 기준치보다 적게 나왔다고 했지만, 실제 운행할 때는 법이 정한 기준치의 약 15배가 넘는 오염 물질을 배출하는 것으로 나타났습니다.

보통 디젤엔진은 가솔린엔진에 비해 힘과 연비가 좋아 트럭, 버스, 기차, 선박 등에 사용돼 왔습니다. 또한, 지구온난화의 주범인 이산화 탄소도 가솔린엔진보다 적게 배출하기 때문에 디젤엔진은 한때 '클린 디젤'이라고 불리며 친환경 자동차라고 인식됐습니다. 하지만 배출 가스량 조작과 함께 매연 저감 장치를 설치하더라도 질소산화물과 미세먼지를 가솔린엔진보다 많이 내뿜기 때문에 문제가 됐습니다.

〈자동차의 배출 가스를 측정하는 모습〉

🧪 질소산화물이란 무엇일까요?

19세기 후반 산업의 주역은 증기 기관과 가솔린엔진이었습니다. 하지만 너무 크고 비싸며 연료 효율이 낮아 작은 공장에서는 쉽게 사용할 수 없었습니다. 1893년 독일의 기술자 루돌프 디젤은 작고 저렴하며, 연료 효율이 높은 디젤엔진을 발명했습니다. 이렇게 발명된 디젤엔진이 오늘날 문제가 되는 이유는 많은 질소산화물을 만들어 내기 때문입니다.

질소산화물이란 질소와 산소로 이루어진 여러 가지 화합물을 모두 이르는 말입니다. 연료를 태울 때 발생하며 자동차 배출 가스에도 포함된 대기오염 물질입니다. 질소산화물은 호흡기 질환의 원인이 되며, 급성 중독 시 폐에 물이 찰 수 있습니다. 또한, 세계보건기구에서는 암을 일으키는 확실한 원인 물질로 정하고 있습니다. 대기 중의 질소산화물은 산성비의 원인이 돼 눈과 호흡기를 자극하고, 식물을 말라 죽게 합니다.

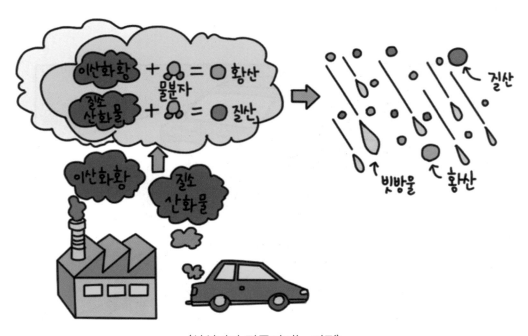

〈산성비가 만들어지는 과정〉

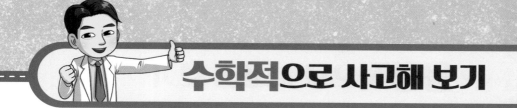
 이산화 질소를 만들기 위해 필요한 산소와 질소 입자는 몇 개일까요?

질소산화물은 생성되는 데 필요한 질소와 산소 입자의 개수에 따라 일산화 질소, 이산화 질소, … 등 여러 가지 종류로 나누어집니다.

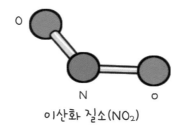

이산화 질소(NO_2)

이산화 질소는 1개의 질소 입자와 2개의 산소 입자가 결합해서 만들어집니다. 이때, 질소와 산소의 입자 수를 기호 ':'를 사용해 나타내면 1 : 2로 나타낼 수 있으며, 이렇게 나타낸 것을 '비'라고 합니다. 비에서 쓰인 두 수를 모두 항이라고 하고, 앞에 있는 항을 전항, 뒤에 있는 항을 후항이라고 합니다. 비의 전항과 후항에 0이 아닌 같은 수를 곱하거나 나누어도 비의 값은 같습니다.

$$1 : 2 = 1 \times 2 : 2 \times 2 = 2 : 4$$

1 : 2 = 2 : 4와 같이 비의 값이 같은 두 비를 등호 '='를 사용해 나타낸 식을 '비례식'이라고 합니다. 비례식을 활용하면 이산화 질소 24개를 만들기 위해서 필요한 질소와 산소 입자 수를 각각 구할 수 있습니다.

$$1 : 2 = 1 \times 24 : 2 \times 24 = 24 : 48$$

즉, 이산화 질소 24개를 만들기 위해서는 질소 입자는 $1 \times 24 = 24$ (개)가 필요하고, 산소 입자는 $2 \times 24 = 48$ (개)가 필요합니다.

융합적으로 사고해 보기

 디젤차에서 친환경 전기차로!

세계보건기구에서는 디젤엔진에서 배출되는 질소산화물이 '확실한 발암 물질'이라고 발표했고, 전 세계적으로는 배출 가스 규제가 점점 강해졌습니다. 또한, 친환경 차량에 대한 지원이 늘어 디젤차의 판매량은 감소했습니다. 유럽에서 디젤차 판매 비중이 가장 큰 프랑스에서는 디젤차 퇴출 선언까지 나오기도 했습니다. 뒤늦게 요소수를 이용한 질소산화물 정화 등의 법을 제정해 요구하는 기준을 맞추기 위해 노력하고 있지만 '클린 디젤'이라는 말은 점점 더 듣기 힘든 말이 되어가고 있습니다. 이제는 하이브리드차와 전기차 등이 '클린 디젤'을 이을만한 친환경 자동차로 주목받고 있습니다.

STEAM

비판적 사고력을 기를 수 있는 STEAM 문제

예시답안 141쪽

 디젤엔진을 사용하는 자동차의 배출 가스의 양을 조작한 것이 문제가 되는 이유를 쓰고,
그것을 해결하기 위한 방법을 서술하시오.

Ⓐ

생활 속 콩코드의 오류

2003년 11월 26일, 초음속 여객기 콩코드(Concorde)는 마지막 운항을 끝으로 박물관에 전시됐습니다. 한때 콩코드는 음속보다 2배 이상 빨라 세계에서 가장 빠른 비행기라 불렸습니다. 하지만 운항하는 데 필요한 연료가 다른 여객기에 비해 2배가 넘게 들었으며, 운항할 때 너무 시끄러운 굉음을 일으킨다는 약점을 가

〈초음속 여객기 콩코드〉

지고 있었습니다. 이러한 이유로 콩코드는 새로운 세계를 열었다는 격찬을 받았으면서도 결국엔 사람들의 외면을 받아 조용히 사라졌습니다.

2차 세계 대전 이후 세계 여객기 시장은 미국이 대부분을 차지하고 있었습니다. 이에 영국과 프랑스 두 나라의 항공사는 1962년 11월 29일 초음속 여객기를 공동 개발하기로 결정했습니다. 이후 1966년 최초의 시험용 모델 '콩코드 001'이 탄생했고, 1969년 3월에는 29분 동안의 비행 테스트를 무사히 통과했습니다. 한 달 후인 1969년 4월에는 두 번째 모델 '콩코드 002'도 비행에 성공했습니다. 같은 해 11월에는 음속보다 2배나 빠른 마하 2의 속력에 도달했습니다. 1973년에는 최초로 고도 2만 m까지 올라가는 데 성공했으며, 1976년 1월 21일에는 세계 최초로 초음속 여객기의 상업 운항을 하는 등 기술적인 발전을 거듭했습니다.

과학적으로 탐구해 보기

 콩코드는 얼마나 빨랐을까요?

콩코드 여객기는 일반 비행기보다 빠른 속도로 높이 날아올라 평균 8시간 넘게 걸리는 파리–뉴욕 구간을 3시간대에 이동할 수 있었다고 합니다. 이것은 얼마나 빠른 속도일까요?

'콩코드 101'은 1974년에 마하 2.23의 속력에 도달했습니다. 마하란 공기 중을 전파하는 소리의 빠르기인 음속과 비교한 속력으로, 오스트리아의 과학자 에른스트 마하(Ernst Mach)가 초음속 연구에서 도입한 개념입니다. 공기 중에서 탄환이나 비행기, 미사일 등과 같은 고속 비행체의 속력을 나타낼 때 주로 사용됩니다.

음속과 같은 빠르기를 마하 1이라고 하면, 마하 2는 음속에 2배에 해당하는 속력입니다. 음속이 시속 약 1200 km이므로 마하 콩코드 101의 속력인 마하 2.23은 음속의 2.23배, 즉 시속 약 2676 km에 해당하는 빠르기입니다.

 콩코드의 오류란 무엇일까요?

콩코드를 개발하는 데 기술적인 어려움으로 처음 예상했던 것보다 훨씬 많은 비용과 시간이 들었습니다. 이러한 이유로 콩코드의 개발을 멈추라는 의견이 많았지만 이미 10조 원 넘게 들어간 개발 비용 때문에 개발을 멈출 수 없었습니다. 결국, 더 많은 비용과 시간을 들여 비행기 개발에 성공해 상업 운항을 시작했습니다. 하지만 몸체가 좁아 탑승객 수가 제한적이었고, 연료 소모량이 많아 비용이 증가했습니다. 그래서 사람들은 콩코드보다 상대적으로 속도는 느리지만 비용이 낮은 여객기를 이용하게 됐습니다. 사업성이 떨어진다는 평가에도 막대한 투자 비용을 포기할 수 없었던 항공사는 계속 손해를 이어가다가 결국 2003년 상업 운항을 시작한 지 27년 만에 운항을 중단했습니다.

'Concorde Fallacy: 콩코드의 오류'란 이런 경우를 빗대어하는 말입니다. 의사 결정을 해야 하는 상황에서 잘못된 결정을 인정하지 않고 정당화하기 위해 밀고 나간다면 콩코드와 같은 상황으로 이어질 수 있습니다.

융합적으로 사고해 보기

 경제학 속 콩코드의 오류!

경제학 용어 중 매몰비용이라는 말이 있습니다. 매몰비용이란 엎질러진 물처럼 어떤 선택을 해도 다시 되돌릴 수 없는 비용을 말합니다.

예를 들어 영화를 보기 위해 표를 샀는데 제시간에 영화관에 도착하지 못해 영화를 보지 못했습니다. 이런 경우 영화관에서 이미 시작된 영화의 표 값은 환불해 주지 않으므로 영화표 값은 매몰비용이 됩니다.

일반적으로 사람들은 돈이나 노력, 시간 등을 투자하면 그것을 지속하려는 성향이 있는데, 이 때문에 잘못된 의사결정을 하는 경우가 종종 있습니다. 콩코드 개발이 가장 대표적인 예라고 할 수 있습니다. 기업에서 무언가를 개발할 때 많은 시간과 비용을 투자했지만 그 결과가 기대치에 도달하지 못할 경우 가장 합리적인 선택은 매몰비용을 포기하고, 해당 제품 개발을 중단하는 것입니다. 그러나 이미 막대한 매몰비용에 실패를 인정해야 한다는 부담감으로 그 사업을 계속 진행하는 것을 '매몰비용의 오류'라고 합니다.

사실상 콩코드의 오류나 매몰비용의 오류는 같은 의미입니다.

Q 어느 기업에서 지금까지 진행해 오던 광고가 투입된 비용에 비해 효과가 너무 적다는 지적이 있었습니다. 즉시 광고를 중단하자는 의견이 있었지만, 다음과 같은 이유로 광고를 계속 유지하자는 의견도 있었습니다.

"우리 회사는 이 광고를 위해 이미 너무 많은 비용을 지불했습니다. 지금 광고를 중단하면 지금까지 한 일이 모두 헛수고가 될 것입니다."

이미 지불한 광고비 때문에 광고를 계속 유지하는 것을 콩코드의 오류라고 할 수 있습니다. 이처럼 생활 속에서 콩코드의 오류를 찾아보고 예를 들어 서술하시오.

A

MEMO

MEMO

예시답안

사고력 · STEAM 문제 예시답안

01 우리가 좋아하는 대구가 작아지고 있다고?!

● **비판적 사고력을 기를 수 있는 사고력 문제**

찰스 다윈의 자연선택은 기린의 목이 길어진 이유가 높은 곳의 잎까지 먹을 수 있는 기린이 생존 경쟁에서 살아남아 후손을 남겼기 때문이라는 것입니다. 선택적 어업을 통해 큰 물고기는 그물에 잡히고, 작은 물고기는 그물을 빠져나가 살아남게 됩니다. 그러면 점차 몸집이 작은 물고기들이 생존 경쟁에서 유리해져 의도하지 않게 작은 물고기가 많아지기 때문입니다.

● **비판적 사고력을 기를 수 있는 STEAM 문제**

• 어업 활동을 중단하는 것은 불가능하므로 대부분의 생물종을 양식이 가능하도록 연구해 진행합니다. 어업 활동은 종에 영향을 주지 않을 정도인 전체 생물종의 10% 정도만 허용합니다.

• 어업 활동을 중단하지 않고 계속하면 어떤 방법으로 규제를 해도 생존을 위해 부자연선택을 할 수밖에 없을 것입니다. 따라서 대량으로 물고기를 잡는 어업 활동을 중단하는 것이 좋을 것입니다.

• 작아진 대구를 해결하는 엉뚱하지만 그럴듯한 방법: 이미 작아진 대구는 어린 물고기가 아닌 다 자라도 크기가 작은 대구만을 잡도록, 사람들이 잡을 수 있는 대구의 크기를 규제해서 다시 대구가 커지도록 합니다.

02 줄무늬에 담긴 많은 정보, 바코드의 원리

• 가전제품의 사용법이나 주의 사항을 2차원 바코드에 저장합니다.

• 계좌이체나 물건의 값을 지불할 수 있는 정보를 2차원 바코드에 저장합니다.

• 백신 접종 정보와 같이 확인할 수 있는 개인 정보를 2차원 바코드에 저장합니다.

• 듣기 평가 시험의 문항별 mp3 파일을 2차원 바코드에 저장해 시험지에 함께 인쇄합니다.

03 캔 음료수, 보온병은 왜 원기둥 모양일까요?

- 진열대에 세워 놓을 수 있어 보관과 진열이 편합니다.
- 같은 양의 밥으로 만들었을 때 다른 모양보다 크게 보입니다.
- 가운데 부분에만 속을 넣으면 되므로 속을 조금만 넣을 수 있습니다.
- 세 꼭짓점 부분부터 먹으면 음식이 입에 묻지 않게 먹을 수 있습니다.
- 상대적으로 넓은 겉 부분에 김을 싸면 짭짤하고 고소한 김이 많이 들어가므로 삼각김밥의 맛을 좋게 할 수 있습니다.

04 열기구는 어떤 원리로 날아오르는 것일까요?

- 쌀알에 열을 가해 뻥튀기를 만듭니다.
- 팝콘용 옥수수를 가열해 팝콘을 만듭니다.
- 찌그러진 탁구공을 뜨거운 물속에 넣으면 부풀어 오릅니다.
- 전자레인지에 계란을 넣고 돌리면 계란 안쪽 공기가 팽창해 터집니다.
- 여름철 낮에 자동차가 고속도로를 빠르게 달리면 열을 많이 받은 타이어가 터집니다.
- 차가운 음료수 병 입구에 동전을 올려 막은 후 음료수 병을 손으로 감싸면 동전이 들리면서 딸각딸각 소리를 냅니다.
- 따뜻한 페트병에 풍선을 씌운 후 차가운 물에 넣으면 페트병 안쪽 공기의 부피가 줄어들어 풍선이 안으로 들어갑니다.

〈저절로 움직이는 동전〉   〈저절로 움직이는 풍선〉

두 과자의 무게는 어떻게 비교할까요?

• 나라끼리 무역을 할 때, 무게의 차이로 인한 번거로움이 많이 발생합니다.

• 서로 같은 몸무게를 가진 두 나라의 친구들의 몸무게가 서로 다르게 표현됩니다.

• 우리나라 역도 선수와 다른 나라의 역도 선수의 기록을 한눈에 비교하기 어렵습니다.

• 1 kg이 상대적으로 무거운 나라에서 물건을 사면 더 많은 무게의 물건을 살 수 있습니다.

• 각 나라의 1 kg이 우리나라와 얼마나 차이가 나는지 알아야 하는 경우가 있으므로 번거로
운 일이 많이 일어날 것입니다.

내일 비가 올까요?

우산을 챙겨서 나간다.

• 65%의 확률로 비가 올 수 있으므로 우산을 챙겨서 나가 비가 오면 우산을 사용합니다.

• 비가 올 확률이 65%이면, 비가 오지 않을 확률은 35%입니다. 즉, 비가 올 확률이 더 높으
므로 우산을 챙겨서 나갑니다. 그 이유는 산성비는 건강에 해롭기 때문입니다.

우산을 챙기지 않고 그냥 나간다.

• 주로 실내에서 머물 것이고, 버스 정류장과 집이 가까워 비가 온다고 해도 비를 많이 맞지
않을 것이기 때문입니다.

• 조금 비를 맞는 것이 우산을 가지고 다니는 것보다 낫다고 생각합니다. 만약 비가 오지 않
으면 우산을 가지고 다니다가 잃어버릴 수 있기 때문입니다.

• 35%의 확률로 비가 오지 않을 수 있어 하루 종일 우산을 들고 다녔는데 비가 오지 않는다
면 억울할 것 같기 때문입니다.

• 비가 올 확률은 65%이지만 일기예보와 실제 날씨가 같을 확률(일기예보의 정확도)이 약
70% 정도라면 실제로 비가 올 확률은 약 46%로 50%보다 낮을 것이기 때문입니다.

TIP

의사결정은 '우산을 챙겨 나간다'와 '우산을 챙기지 않고 그냥 나간다'의 두 가지 중 하나가 됩니다. 어떤 결정을 하든지 그 이유가 논리적이고 타당해야 합니다. 수학적·과학적인 근거를 들어 설명하거나 창의적인 이유는 더욱 좋은 평가를 받을 수 있습니다.

 ## 축구공 모양의 비밀

• 인도의 보도블록 모양

• 벽지 모양

- 이불이나 베개의 무늬

- 방석의 무늬

- 욕실의 타일

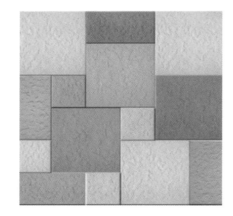

• 성당이나 교회의 창문

• 건물의 벽면

무게중심을 찾아라!

• 시소: 몸무게가 서로 다른 두 친구가 자리를 옮겨가며 균형을 이루어야 힘을 덜 들이고 시소를 탈 수 있습니다.

• 모빌: 다양한 모양의 물건들이 균형을 이루며 매달려 있도록 합니다.

• 무게중심 새: 새의 부리 끝을 받치면 새가 균형을 잡습니다.

09 수십억 마리 메뚜기 떼 출현

- 메뚜기나 풀무치를 잡아먹는 천적을 키웁니다.
- 친환경 농약을 뿌려 메뚜기나 풀무치 떼의 피해를 줄입니다.
- 메뚜기나 풀무치의 수가 갑자기 증가하지 않을 환경을 만듭니다.
- 메뚜기나 풀무치가 먹지 않는 맛을 가진 벼나 작물을 개발합니다.
- 메뚜기나 풀무치만 찾아 죽게 만드는 세균이나 질병을 만들어 퍼트립니다.
- 메뚜기나 풀무치가 농작물에 접근하지 못하도록 농경지에 망을 설치합니다.

10 1 L로 100 km를 가는 자동차

- 멈춰 있을 경우에는 시동을 끕니다.
- 내리막에서는 최대한 브레이크를 밟지 않습니다.
- 바람의 저항을 많이 받을수록 연료가 더 많이 소모되므로 창문을 닫고 다닙니다.
- 타이어의 공기압이 충분하면 바퀴가 더 잘 굴러가므로 타이어에 공기를 충분히 넣습니다.
- 갑자기 가속을 하거나 감속을 하면 연료가 많이 사용되므로 천천히 속도를 변화시킵니다.
- 무거울수록 많은 연료가 필요하므로 필요 없는 물건을 싣지 않아 자동차의 무게를 가볍게 합니다.

11 별자리 관찰하기

- 도시에는 주변의 불빛이 많기 때문에 밤하늘의 별이 잘 보이지 않습니다.
- 도시는 공기가 오염되어 공기 중에 먼지와 같은 이물질이 많기 때문에 별이 잘 보이지 않습니다.

12 붉은색 눈이 있다? 없다?

- 스마트폰
- 책이나 공책의 모양
- 문이나 창문, 칠판의 모양
- TV나 컴퓨터 모니터의 화면
- CD나 레코드판, 접시 모양
- 도넛이나 훌라후프를 위에서 본 모양
- 축구공, 농구공, 탁구공, 볼링공
- 알파벳 O, H, X
- 한글 자음 ㅁ, ㅇ, ㅍ
- 일본 국기, 스위스 국기, 오스트리아 국기, 자메이카 국기

, 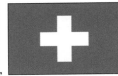, ,

13 저 뚱뚱해요?

- 키
- 나이
- 성별
- 활동량
- 질병의 유무와 종류

14 한글의 우수성

다, 댜, 더, 뎌, 디, 마, 먀, 머, 며, 모, 묘, 무, 뮤, 므, 미, 보, 뵤, 부, 뷰, 브, 아, 야, 어, 여, 오, 요, 우, 유, 으, 이, 타, 탸, 터, 텨, 티, 파, 퍄, 퍼, 펴, 포, 표, 푸, 퓨, 프, 피, 호, 효, 후, 휴, 흐

15 선조들의 지혜가 숨어 있는 발명품, 정약용의 거중기

• 거중기는 고정 도르래와 움직 도르래를 함께 사용한 복합 도르래로 무거운 물체를 적은 힘으로 들어 올릴 수 있습니다.
• 녹로는 고정 도르래만을 사용한 것으로 물체를 들어 올리는 힘의 방향을 바꿀 수 있습니다.

16 교통사고를 줄이기 위한 속도 제한

• 과속 방지턱을 설치합니다.
• 과속 단속 카메라를 설치합니다.
• 과속 방지 캠페인을 실시합니다.
• 자동차에 속도 제한 장치를 부착해 빠르게 달리지 못하도록 합니다.
• 도로 주변에 경고 표지판을 세우고, 교통사고 수나 사망자 수를 공개합니다.
• 차량 탑재형 교통 단속 장비를 설치한 차로 고속도로를 순찰해 직접 과속을 단속합니다.
• 운전자의 인식이 변화될 수 있도록 실제 사례를 통해 과속의 위험성을 알리는 교육을 합니다.

바보상자에서 똑똑한 친구가 된 텔레비전

- 'cm'를 사용해야 합니다. 길이를 나타내는 단위를 cm로 정했기 때문입니다. 만약 텔레비전 화면만 예외를 둔다면 자동차 타이어나 자전거 바퀴, 허리둘레 등을 표현하는 단위들도 계속 인치를 사용하도록 예외를 인정해야 할 것입니다. 이처럼 물건마다 그 길이나 크기를 표현하는 단위가 달라진다면 그 길이를 가늠하거나 비교하기 위해 불필요한 계산이 필요하므로 시간과 비용의 낭비가 생기게 됩니다. 따라서 모든 길이의 단위는 cm를 사용해야 합니다.

- '인치'를 사용해야 합니다. 전 세계적으로 텔레비전 화면의 크기를 인치를 이용해 나타내고 있는데 우리나라만 cm를 사용한다면 텔레비전을 수출하거나 수입할 때 그 크기를 다시 표현해야 하는 번거로움이 생깁니다. 또한, 텔레비전 화면의 크기는 텔레비전 화면끼리 비교하는 경우가 대부분이므로 우리나라만 cm의 단위를 사용한다면 정확한 비교가 어렵고, 그 크기를 가늠하기 어려울 것입니다. 물건의 길이나 무게, 들이를 측정하는 도량형은 그 사회가 발전시켜온 전통과 문화입니다. 모두 같은 단위로 통일하기보다는 전통과 문화에 맞게 따르는 것이 바람직합니다. 따라서 텔레비전 화면의 크기를 나타낼 때에는 인치의 단위를 사용해야 합니다.

- 'cm'와 '인치'를 둘 다 사용해야 합니다. 둘 다 표기해서 cm가 익숙한 사람은 cm로 가늠하거나 비교하고, 인치가 익숙한 사람은 인치로 가늠하거나 비교하면 되기 때문입니다. 이렇게 사용하다 보면 cm와 인치의 관계가 사람들에게 익숙하게 되어 나중에 하나로 통일해도 크게 문제 되지 않을 것입니다.

18

감염병의 원인이 바이러스라고?

〈감염자 수가 빠르게 증가하는 이유〉

- 초기에 마스크를 잘 쓰고 다니지 않았기 때문입니다.
- 초기에 백신이나 치료 약이 개발되지 않았기 때문입니다.
- 잠복기가 있어 감염된 사실을 모르고 사람들과 접촉했기 때문입니다.
- 교통의 발달로 사람들이 여러 지역으로 쉽게 이동할 수 있었기 때문입니다.
- 무증상인 사람들이 코로나19에 감염됐는지 모르고 사람들과 접촉했기 때문입니다.

〈감염병을 예방할 수 있는 방법〉

- 비누를 이용해 손을 깨끗이 씻습니다.
- 백신이 개발됐으므로 예방 접종을 합니다.
- 청소나 소독을 하는 등 위생에 신경을 씁니다.
- 사람이 많이 모이는 곳은 되도록 가지 않습니다.
- 마스크를 잘 착용해 침방울을 통한 감염 전파를 차단합니다.
- 변기 사용 시 변기 뚜껑을 닫고 물을 내려 유해 물질이 떠 있지 않도록 합니다.
- 공기 중에 바이러스가 퍼질 수 있으므로 하루에 최소 3회, 10분 이상 창문을 열어 환기를 합니다.

19

뉴허라이즌스의 명왕성 탐사

- 다른 행성의 위성이 아니어야 합니다.
- 태양을 중심으로 공전하고 있어야 합니다.
- 천체의 모양을 구형으로 유지하는 질량을 가져야 합니다.
- 다른 작은 천체에 의해 공전 궤도가 영향을 받지 않아야 합니다. (궤도 주변의 다른 천체를 배제해야 합니다.)

야구 속에 숨어 있는 과학과 수학

실밥은 야구공 표면을 울퉁불퉁하게 만듭니다. 야구공의 울퉁불퉁한 표면은 야구공 주변의 공기를 불규칙하게 만들어 공기 저항을 줄여 줍니다. 즉, 야구공이 더 빠르고 멀리 날아갈 수 있게 합니다. 또한, 실밥으로 인해 불규칙해진 공기는 압력 차이가 발생해 야구공의 회전에도 영향을 줍니다. 야구공의 실밥은 투수에게도 영향을 주는데 투수가 어느 부분의 실밥을 잡느냐에 따라 직구를 던지거나 변화구를 던질 수 있고, 변화구의 방향과 속도가 달라집니다.

이 드레스의 색은 무슨 색인가요?

세 대의 자동차 중 왼쪽에 있는 자동차가 가장 커 보입니다. 하지만 세 대의 자동차는 모두 같은 자동차이므로 실제로 크기를 측정해 보면 모두 같습니다.
만약 같은 크기의 물체라면, 멀리 있을 때 작게 보이고, 가까이 있을 때 크게 보여야 합니다. 하지만 사진 속 자동차는 점점 좁아지는 배경 때문에 멀리 있는 자동차가 더 크다고 느껴집니다.

이미지를 잘라서 비교해 보면 같은 크기의 자동차임을 알 수 있습니다. 가장 오른쪽의 자동차를 잘라서 나머지 자동차들과 각각 비교하면 크기가 같은 것을 알 수 있습니다.

22 머피의 법칙은 착각일까요?

- 계산대: 만약 마트의 계산대가 세 개라면 내가 줄을 선 곳의 줄이 가장 빨리 줄어들 확률은 약 33%, 다른 계산대의 줄이 더 빨리 줄어들 확률은 약 66%입니다. 즉, 내가 선 곳의 줄이 가장 빨리 줄어들 확률이 그렇지 않을 확률의 절반이기 때문에 항상 내가 선 곳의 줄이 가장 늦게 줄어드는 것 같습니다.
- 차선: 만약 네 개의 차선이 있다면 내가 가는 차선이 가장 빨리 갈 확률은 25%이고, 다른 차선이 더 빨리 갈 확률은 75%입니다. 또, 내가 가는 차선은 움직이지 않는 것 같은데, 다른 차선의 차들은 내 차를 앞질러 가는 것을 보게 되므로 실제 빠르기의 차이는 크지 않지만 내가 가는 차선이 더 막힌다고 느낄 수 있습니다.

23 클린 디젤은 없다고?

〈문제가 되는 이유〉

회사의 이익을 위해 환경을 오염시키고, 이로 인해 많은 사람이 피해를 볼 수 있기 때문입니다. 또한, 소비자가 자동차를 구입할 때 이 사실을 알지 못했으므로 소비자를 속이고 물건을 판매한 것도 문제가 됩니다.

〈해결하기 위한 방법〉

환경과 소비자를 속인 자동차 회사에 큰 책임을 묻고, 같은 문제가 발생하지 않도록 국가가 나서서 철저한 감독을 해야 합니다. 소비자들도 물건을 구입할 때 물건을 만든 회사가 제공하는 정보가 정확한지, 믿을 수 있는 회사인지 잘 알아보아야 합니다.

생활 속 콩고드의 오류

- 시험을 앞두고 게임을 하는 경우: 시험공부를 해야 하지만 지금까지 게임에 투자한 시간과 아이템을 사는 데 사용한 비용이 아까워 게임을 하지 않으면 손해를 보는 느낌이 듭니다.
- 태풍이 오는데 영화를 보러 간 경우: 돈 주고 표를 샀다는 이유로 날씨가 좋지 않아 외출하는 데 어려움이 있음에도 불구하고 영화관으로 가는 것은 잘못된 의사결정입니다.
- 비싼 옷이지만 불편해서 입지 않은 옷: 비싼 옷이지만 몸에 잘 맞지 않아 불편해 입지 않는 옷을 가지고 있으면 옷장에 자리만 차지합니다. 차라리 그 옷이 잘 맞는 사람에게 주거나 환불할 수 있는 상황이라면 환불하는 것이 좋습니다.

MEMO

시대에듀와 함께 꿈을 키워요!
www.sdedu.co.kr

안쌤의 수 · 과학 융합 특강 (초등)

초판2쇄 발행	2024년 09월 05일 (인쇄 2024년 07월 11일)
초 판 발 행	2022년 06월 03일 (인쇄 2022년 04월 21일)
발 행 인	박영일
책 임 편 집	이해욱
편 저	안쌤 영재교육연구소
편 집 진 행	이미림
표 지 디 자 인	김지수
편 집 디 자 인	곽은슬 · 윤아영
발 행 처	(주)시대에듀
출 판 등 록	제 10-1521호
주 소	서울시 마포구 큰우물로 75 [도화동 538 성지 B/D] 9F
전 화	1600-3600
팩 스	02-701-8823
홈 페 이 지	www.sdedu.co.kr
I S B N	979-11-383-2346-8 (63400)
정 가	16,000원

영재교육의 모든 것!
시대에듀가 상위 1%의 학생이 되는 기적을 이루어 드립니다.

안쌤 **안재범**

수달쌤 **이상호**

수박쌤 **박기훈**

영재교육 프로그램

프로그램 1 창의사고력 대비반

프로그램 2 영재성검사 모의고사반

프로그램 3 면접 대비반

프로그램 4 과고 · 영재고 합격완성반

수강생을 위한 프리미엄 학습 지원 혜택

 영재맞춤형 **최신 강의 제공**

 영재로 가는 필독서 **최신 교재 제공**

 핵심만 담은 **최적의 커리큘럼**

 PC + 모바일 **무제한 반복 수강**

 스트리밍 & 다운로드 **모바일 강의 제공**

 쉽고 빠른 피드백 **카카오톡 실시간 상담**

시대에듀 **안쌤 영재교육연구소** | www.sdedu.co.kr

시대에듀가 준비한
특별한 학생을 위한
최상의 학습
시리즈

① 안쌤의 사고력 수학 퍼즐 시리즈
- 14가지 교구를 활용한 퍼즐 형태의 신개념 학습서
- 집중력, 두뇌 회전력, 수학 사고력 동시 향상

② 안쌤의 STEAM + 창의사고력
수학 100제, 과학 100제 시리즈
- 영재교육원 기출문제
- 창의사고력 실력다지기 100제
- 초등 1~6학년

⑧ 안쌤과 함께하는
영재교육원 면접 특강
- 영재교육원 면접의 이해와 전략
- 각 분야별 면접 문항
- 영재교육 전문가들의 연습문제

스스로 평가하고 준비하는! 대학부설·교육청
영재교육원 봉투모의고사 시리즈 ⑦
- 영재교육원 집중 대비·실전 모의고사 3회분
- 면접 가이드 수록
- 초등 3~6학년, 중등